生猪屠宰管理条例
理解与适用

农业农村部畜牧兽医局
中国动物疫病预防控制中心 编
（农业农村部屠宰技术中心）

中国农业出版社
北　京

编　委　会

主　　编　杨振海　陈伟生

副 主 编　孔　亮　冯忠泽

参编人员（按姓氏笔画排序）

王江涛　方兰勇　邓　勇　卢　旺　冯利霞

兰冰洁　任　禾　刘　毅　刘雨萌　关婕葳

李　昂　李　婷　李　鹏　李艳华　李晓东

吴学宝　张　杰　张　昕　张　倩　张宁宁

陈玉荣　陈向武　邰　伟　单佳蕾　袁忠勋

夏永高　徐　亭　高　观　高胜普　黄启震

雷春娟　臧华夏

目　录

中华人民共和国国务院令

第 742 号

　　《生猪屠宰管理条例》已经 2021 年 5 月 19 日国务院第 136 次常务会议修订通过，现将修订后的《生猪屠宰管理条例》公布，自 2021 年 8 月 1 日起施行。

总　理　李克强

2021 年 6 月 25 日

生猪屠宰管理条例

（1997 年 12 月 19 日中华人民共和国国务院令第 238 号公布　2008 年 5 月 25 日中华人民共和国国务院令第 525 号第一次修订　根据 2011 年 1 月 8 日《国务院关于废止和修改部分行政法规的决定》第二次修订　根据 2016 年 2 月 6 日《国务院关于修改部分行政法规的决定》第三次修订　2021 年 6 月 25 日中华人民共和国国务院令第 742 号第四次修订）

第一章　总　　则

第一条　为了加强生猪屠宰管理，保证生猪产品质量安全，保障人民身体健康，制定本条例。

第二条　国家实行生猪定点屠宰、集中检疫制度。

除农村地区个人自宰自食的不实行定点屠宰外，任何单位和个人未经定点不得从事生猪屠宰活动。

在边远和交通不便的农村地区，可以设置仅限于向本地市场供应生猪产品的小型生猪屠宰场点，具体管理办法由省、自治区、直辖市制定。

第三条　国务院农业农村主管部门负责全国生猪屠宰的行业管理工作。县级以上地方人民政府农业农村主管部门负责本行政区域内生猪屠宰活动的监督管理。

县级以上人民政府有关部门在各自职责范围内负责生猪屠宰活动的相关管理工作。

第四条　县级以上地方人民政府应当加强对生猪屠宰监督管理工作的领导，及时协调、解决生猪屠宰监督管理工作中的重大问题。

乡镇人民政府、街道办事处应当加强生猪定点屠宰的宣传教育，协助做好生猪屠宰监督管理工作。

第五条　国家鼓励生猪养殖、屠宰、加工、配送、销售一体化发展，推行标准化屠宰，支持建设冷链流通和配送体系。

第六条 国家根据生猪定点屠宰厂（场）的规模、生产和技术条件以及质量安全管理状况，推行生猪定点屠宰厂（场）分级管理制度，鼓励、引导、扶持生猪定点屠宰厂（场）改善生产和技术条件，加强质量安全管理，提高生猪产品质量安全水平。生猪定点屠宰厂（场）分级管理的具体办法由国务院农业农村主管部门制定。

第七条 县级以上人民政府农业农村主管部门应当建立生猪定点屠宰厂（场）信用档案，记录日常监督检查结果、违法行为查处等情况，并依法向社会公示。

第二章 生猪定点屠宰

第八条 省、自治区、直辖市人民政府农业农村主管部门会同生态环境主管部门以及其他有关部门，按照科学布局、集中屠宰、有利流通、方便群众的原则，结合生猪养殖、动物疫病防控和生猪产品消费实际情况制订生猪屠宰行业发展规划，报本级人民政府批准后实施。

生猪屠宰行业发展规划应当包括发展目标、屠宰厂（场）设置、政策措施等内容。

第九条 生猪定点屠宰厂（场）由设区的市级人民政府根据生猪屠宰行业发展规划，组织农业农村、生态环境主管部门以及其他有关部门，依照本条例规定的条件进行审查，经征求省、自治区、直辖市人民政府农业农村主管部门的意见确定，并颁发生猪定点屠宰证书和生猪定点屠宰标志牌。

生猪定点屠宰证书应当载明屠宰厂（场）名称、生产地址和法定代表人（负责人）等事项。

生猪定点屠宰厂（场）变更生产地址的，应当依照本条例的规定，重新申请生猪定点屠宰证书；变更屠宰厂（场）名称、法定代表人（负责人）的，应当在市场监督管理部门办理变更登记手续后15个工作日内，向原发证机关办理变更生猪定点屠宰证书。

设区的市级人民政府应当将其确定的生猪定点屠宰厂（场）名单及时向社会公布，并报省、自治区、直辖市人民政府备案。

第十条 生猪定点屠宰厂（场）应当将生猪定点屠宰标志牌悬挂于厂（场）区的显著位置。

生猪定点屠宰证书和生猪定点屠宰标志牌不得出借、转让。任何单位和个人不得冒用或者使用伪造的生猪定点屠宰证书和生猪定点屠宰标志牌。

第十一条 生猪定点屠宰厂（场）应当具备下列条件：

（一）有与屠宰规模相适应、水质符合国家规定标准的水源条件；

（二）有符合国家规定要求的待宰间、屠宰间、急宰间、检验室以及生猪屠宰设备和运载工具；

（三）有依法取得健康证明的屠宰技术人员；

（四）有经考核合格的兽医卫生检验人员；

（五）有符合国家规定要求的检验设备、消毒设施以及符合环境保护要求的污染防治设施；

（六）有病害生猪及生猪产品无害化处理设施或者无害化处理委托协议；

（七）依法取得动物防疫条件合格证。

第十二条 生猪定点屠宰厂（场）屠宰的生猪，应当依法经动物卫生监督机构检疫合格，并附有检疫证明。

第十三条 生猪定点屠宰厂（场）应当建立生猪进厂（场）查验登记制度。

生猪定点屠宰厂（场）应当依法查验检疫证明等文件，利用信息化手段核实相关信息，如实记录屠宰生猪的来源、数量、检疫证明号和供货者名称、地址、联系方式等内容，并保存相关凭证。发现伪造、变造检疫证明的，应当及时报告农业农村主管部门。发生动物疫情时，还应当查验、记录运输车辆基本情况。记录、凭证保存期限不得少于 2 年。

生猪定点屠宰厂（场）接受委托屠宰的，应当与委托人签订委托屠宰协议，明确生猪产品质量安全责任。委托屠宰协议自协议期满后保存期限不得少于 2 年。

第十四条 生猪定点屠宰厂（场）屠宰生猪，应当遵守国家规定的操作规程、技术要求和生猪屠宰质量管理规范，并严格执行消毒技术规范。发生动物疫情时，应当按照国务院农业农村主管部门的规定，开展动物疫病检测，做好动物疫情排查和报告。

第十五条 生猪定点屠宰厂（场）应当建立严格的肉品品质检验管理

制度。肉品品质检验应当遵守生猪屠宰肉品品质检验规程，与生猪屠宰同步进行，并如实记录检验结果。检验结果记录保存期限不得少于2年。

经肉品品质检验合格的生猪产品，生猪定点屠宰厂（场）应当加盖肉品品质检验合格验讫印章，附具肉品品质检验合格证。未经肉品品质检验或者经肉品品质检验不合格的生猪产品，不得出厂（场）。经检验不合格的生猪产品，应当在兽医卫生检验人员的监督下，按照国家有关规定处理，并如实记录处理情况；处理情况记录保存期限不得少于2年。

生猪屠宰肉品品质检验规程由国务院农业农村主管部门制定。

第十六条 生猪屠宰的检疫及其监督，依照动物防疫法和国务院的有关规定执行。县级以上地方人民政府按照本级政府职责，将生猪、生猪产品的检疫和监督管理所需经费纳入本级预算。

县级以上地方人民政府农业农村主管部门应当按照规定足额配备农业农村主管部门任命的兽医，由其监督生猪定点屠宰厂（场）依法查验检疫证明等文件。

农业农村主管部门任命的兽医对屠宰的生猪实施检疫。检疫合格的，出具检疫证明、加施检疫标志，并在检疫证明、检疫标志上签字或者盖章，对检疫结论负责。未经检疫或者经检疫不合格的生猪产品，不得出厂（场）。经检疫不合格的生猪及生猪产品，应当在农业农村主管部门的监督下，按照国家有关规定处理。

第十七条 生猪定点屠宰厂（场）应当建立生猪产品出厂（场）记录制度，如实记录出厂（场）生猪产品的名称、规格、数量、检疫证明号、肉品品质检验合格证号、屠宰日期、出厂（场）日期以及购货者名称、地址、联系方式等内容，并保存相关凭证。记录、凭证保存期限不得少于2年。

第十八条 生猪定点屠宰厂（场）对其生产的生猪产品质量安全负责，发现其生产的生猪产品不符合食品安全标准、有证据证明可能危害人体健康、染疫或者疑似染疫的，应当立即停止屠宰，报告农业农村主管部门，通知销售者或者委托人，召回已经销售的生猪产品，并记录通知和召回情况。

生猪定点屠宰厂（场）应当对召回的生猪产品采取无害化处理等措施，防止其再次流入市场。

第十九条　生猪定点屠宰厂（场）对病害生猪及生猪产品进行无害化处理的费用和损失，由地方各级人民政府结合本地实际予以适当补贴。

第二十条　严禁生猪定点屠宰厂（场）以及其他任何单位和个人对生猪、生猪产品注水或者注入其他物质。

严禁生猪定点屠宰厂（场）屠宰注水或者注入其他物质的生猪。

第二十一条　生猪定点屠宰厂（场）对未能及时出厂（场）的生猪产品，应当采取冷冻或者冷藏等必要措施予以储存。

第二十二条　严禁任何单位和个人为未经定点违法从事生猪屠宰活动的单位和个人提供生猪屠宰场所或者生猪产品储存设施，严禁为对生猪、生猪产品注水或者注入其他物质的单位和个人提供场所。

第二十三条　从事生猪产品销售、肉食品生产加工的单位和个人以及餐饮服务经营者、集中用餐单位生产经营的生猪产品，必须是生猪定点屠宰厂（场）经检疫和肉品品质检验合格的生猪产品。

第二十四条　地方人民政府及其有关部门不得限制外地生猪定点屠宰厂（场）经检疫和肉品品质检验合格的生猪产品进入本地市场。

第三章　监督管理

第二十五条　国家实行生猪屠宰质量安全风险监测制度。国务院农业农村主管部门负责组织制定国家生猪屠宰质量安全风险监测计划，对生猪屠宰环节的风险因素进行监测。

省、自治区、直辖市人民政府农业农村主管部门根据国家生猪屠宰质量安全风险监测计划，结合本行政区域实际情况，制定本行政区域生猪屠宰质量安全风险监测方案并组织实施，同时报国务院农业农村主管部门备案。

第二十六条　县级以上地方人民政府农业农村主管部门应当根据生猪屠宰质量安全风险监测结果和国务院农业农村主管部门的规定，加强对生猪定点屠宰厂（场）质量安全管理状况的监督检查。

第二十七条　农业农村主管部门应当依照本条例的规定严格履行职责，加强对生猪屠宰活动的日常监督检查，建立健全随机抽查机制。

农业农村主管部门依法进行监督检查，可以采取下列措施：

（一）进入生猪屠宰等有关场所实施现场检查；

（二）向有关单位和个人了解情况；

（三）查阅、复制有关记录、票据以及其他资料；

（四）查封与违法生猪屠宰活动有关的场所、设施，扣押与违法生猪屠宰活动有关的生猪、生猪产品以及屠宰工具和设备。

农业农村主管部门进行监督检查时，监督检查人员不得少于2人，并应当出示执法证件。

对农业农村主管部门依法进行的监督检查，有关单位和个人应当予以配合，不得拒绝、阻挠。

第二十八条 农业农村主管部门应当建立举报制度，公布举报电话、信箱或者电子邮箱，受理对违反本条例规定行为的举报，并及时依法处理。

第二十九条 农业农村主管部门发现生猪屠宰涉嫌犯罪的，应当按照有关规定及时将案件移送同级公安机关。

公安机关在生猪屠宰相关犯罪案件侦查过程中认为没有犯罪事实或者犯罪事实显著轻微，不需要追究刑事责任的，应当及时将案件移送同级农业农村主管部门。公安机关在侦查过程中，需要农业农村主管部门给予检验、认定等协助的，农业农村主管部门应当给予协助。

第四章　法律责任

第三十条 农业农村主管部门在监督检查中发现生猪定点屠宰厂（场）不再具备本条例规定条件的，应当责令停业整顿，并限期整改；逾期仍达不到本条例规定条件的，由设区的市级人民政府吊销生猪定点屠宰证书，收回生猪定点屠宰标志牌。

第三十一条 违反本条例规定，未经定点从事生猪屠宰活动的，由农业农村主管部门责令关闭，没收生猪、生猪产品、屠宰工具和设备以及违法所得；货值金额不足1万元的，并处5万元以上10万元以下的罚款；货值金额1万元以上的，并处货值金额10倍以上20倍以下的罚款。

冒用或者使用伪造的生猪定点屠宰证书或者生猪定点屠宰标志牌的，依照前款的规定处罚。

生猪定点屠宰厂（场）出借、转让生猪定点屠宰证书或者生猪定点屠宰标志牌的，由设区的市级人民政府吊销生猪定点屠宰证书，收回生猪定点屠宰标志牌；有违法所得的，由农业农村主管部门没收违法所得，并处5万元以上10万元以下的罚款。

第三十二条 违反本条例规定，生猪定点屠宰厂（场）有下列情形之一的，由农业农村主管部门责令改正，给予警告；拒不改正的，责令停业整顿，处5000元以上5万元以下的罚款，对其直接负责的主管人员和其他直接责任人员处2万元以上5万元以下的罚款；情节严重的，由设区的市级人民政府吊销生猪定点屠宰证书，收回生猪定点屠宰标志牌：

（一）未按照规定建立并遵守生猪进厂（场）查验登记制度、生猪产品出厂（场）记录制度的；

（二）未按照规定签订、保存委托屠宰协议的；

（三）屠宰生猪不遵守国家规定的操作规程、技术要求和生猪屠宰质量管理规范以及消毒技术规范的；

（四）未按照规定建立并遵守肉品品质检验制度的；

（五）对经肉品品质检验不合格的生猪产品未按照国家有关规定处理并如实记录处理情况的。

发生动物疫情时，生猪定点屠宰厂（场）未按照规定开展动物疫病检测的，由农业农村主管部门责令停业整顿，并处5000元以上5万元以下的罚款，对其直接负责的主管人员和其他直接责任人员处2万元以上5万元以下的罚款；情节严重的，由设区的市级人民政府吊销生猪定点屠宰证书，收回生猪定点屠宰标志牌。

第三十三条 违反本条例规定，生猪定点屠宰厂（场）出厂（场）未经肉品品质检验或者经肉品品质检验不合格的生猪产品的，由农业农村主管部门责令停业整顿，没收生猪产品和违法所得；货值金额不足1万元的，并处10万元以上15万元以下的罚款；货值金额1万元以上的，并处货值金额15倍以上30倍以下的罚款；对其直接负责的主管人员和其他直接责任人员处5万元以上10万元以下的罚款；情节严重的，由设区的市级人民政府吊销生猪定点屠宰证书，收回生猪定点屠宰标志牌，并可以由公安机关依照《中华人民共和国食品安全法》的规定，对其直接负责的主管人员和其他直接责任人员处5日以上15日以下拘留。

第三十四条 生猪定点屠宰厂（场）依照本条例规定应当召回生猪产品而不召回的，由农业农村主管部门责令召回，停止屠宰；拒不召回或者拒不停止屠宰的，责令停业整顿，没收生猪产品和违法所得；货值金额不足 1 万元的，并处 5 万元以上 10 万元以下的罚款；货值金额 1 万元以上的，并处货值金额 10 倍以上 20 倍以下的罚款；对其直接负责的主管人员和其他直接责任人员处 5 万元以上 10 万元以下的罚款；情节严重的，由设区的市级人民政府吊销生猪定点屠宰证书，收回生猪定点屠宰标志牌。

委托人拒不执行召回规定的，依照前款规定处罚。

第三十五条 违反本条例规定，生猪定点屠宰厂（场）、其他单位和个人对生猪、生猪产品注水或者注入其他物质的，由农业农村主管部门没收注水或者注入其他物质的生猪、生猪产品、注水工具和设备以及违法所得；货值金额不足 1 万元的，并处 5 万元以上 10 万元以下的罚款；货值金额 1 万元以上的，并处货值金额 10 倍以上 20 倍以下的罚款；对生猪定点屠宰厂（场）或者其他单位的直接负责的主管人员和其他直接责任人员处 5 万元以上 10 万元以下的罚款。注入其他物质的，还可以由公安机关依照《中华人民共和国食品安全法》的规定，对其直接负责的主管人员和其他直接责任人员处 5 日以上 15 日以下拘留。

生猪定点屠宰厂（场）对生猪、生猪产品注水或者注入其他物质的，除依照前款规定处罚外，还应当由农业农村主管部门责令停业整顿；情节严重的，由设区的市级人民政府吊销生猪定点屠宰证书，收回生猪定点屠宰标志牌。

第三十六条 违反本条例规定，生猪定点屠宰厂（场）屠宰注水或者注入其他物质的生猪的，由农业农村主管部门责令停业整顿，没收注水或者注入其他物质的生猪、生猪产品和违法所得；货值金额不足 1 万元的，并处 5 万元以上 10 万元以下的罚款；货值金额 1 万元以上的，并处货值金额 10 倍以上 20 倍以下的罚款；对其直接负责的主管人员和其他直接责任人员处 5 万元以上 10 万元以下的罚款；情节严重的，由设区的市级人民政府吊销生猪定点屠宰证书，收回生猪定点屠宰标志牌。

第三十七条 违反本条例规定，为未经定点违法从事生猪屠宰活动的单位和个人提供生猪屠宰场所或者生猪产品储存设施，或者为对生猪、生猪产品注水或者注入其他物质的单位和个人提供场所的，由农业农村主管部门责令改正，没收违法所得，并处 5 万元以上 10 万以下的罚款。

第三十八条 违反本条例规定，生猪定点屠宰厂（场）被吊销生猪定点屠宰证书的，其法定代表人（负责人）、直接负责的主管人员和其他直接责任人员自处罚决定作出之日起 5 年内不得申请生猪定点屠宰证书或者从事生猪屠宰管理活动；因食品安全犯罪被判处有期徒刑以上刑罚的，终身不得从事生猪屠宰管理活动。

第三十九条　农业农村主管部门和其他有关部门的工作人员在生猪屠宰监督管理工作中滥用职权、玩忽职守、徇私舞弊，尚不构成犯罪的，依法给予处分。

第四十条　本条例规定的货值金额按照同类检疫合格及肉品品质检验合格的生猪、生猪产品的市场价格计算。

第四十一条　违反本条例规定，构成犯罪的，依法追究刑事责任。

第五章　附　　则

第四十二条　省、自治区、直辖市人民政府确定实行定点屠宰的其他动物的屠宰管理办法，由省、自治区、直辖市根据本地区的实际情况，参照本条例制定。

第四十三条　本条例所称生猪产品，是指生猪屠宰后未经加工的胴体、肉、脂、脏器、血液、骨、头、蹄、皮。

第四十四条　生猪定点屠宰证书、生猪定点屠宰标志牌以及肉品品质检验合格验讫印章和肉品品质检验合格证的式样，由国务院农业农村主管部门统一规定。

第四十五条　本条例自 2021 年 8 月 1 日起施行。

第一部分

导　读

党中央、国务院高度重视生猪及其产品质量安全问题。加强生猪屠宰管理，是保证生猪产品质量安全，让人民群众吃上"放心肉"，保障人民群众身体健康的关键所在。《生猪屠宰管理条例》（以下简称《条例》）是1997年颁布的，2008进行了一次修订，2011年、2016年又分别对个别条款进行了修订。《条例》颁布实施以来，我国生猪屠宰管理工作不断加强，在有效解决私屠滥宰问题、保障生猪产品质量安全和公共卫生安全等方面发挥了重要作用。

一、《条例》的修订背景

2013年，国务院机构改革将生猪屠宰监督管理职能划入农业部（现农业农村部）。至2015年底，各地屠宰管理职能陆续调整到位。近年来，农业农村部门通过开展专项整治，淘汰落后产能，推动行业转型升级，特别是2019年开展落实生猪屠宰环节非洲猪瘟自检和官方兽医派驻制度"百日行动"以来，生猪屠宰企业总数大幅减少，行业集中度明显提升。全国生猪屠宰企业数量由2013年底的14 720家减至2021年6月底的5 443家，其中年屠宰生猪2万头以上的企业1 957家，占总数的36%。2020年全国规模以上生猪屠宰企业屠宰生猪1.68亿头。同时，我国生猪屠宰行业还存在以下问题：一是行业集中度仍然较低。目前，全国有年屠宰生猪2万头以下的企业3 367家，占总数的63.25%，屠宰生猪占比仅为11.58%。有12个省份规模以下屠宰企业超过100家。二是产能利用率低。2020年全国生猪屠宰企业单班（7小时）设计产能平均利用率不足20%。规模以下屠宰企业平均产能利用率仅为7.5%。三是委托屠宰（代宰）率高。全国生猪屠宰企业中自营企业仅占22.07%，混宰和委托屠宰（代宰）企业占比超过77%，企业主体责任难以落实。四是监管压力大。私屠滥宰、屠宰加工病害生猪及其产品、注水注药等屠宰环节违法行为易发高发。2018年机构改革后，基层畜牧兽医机构队伍弱化，与其他部门间还存在职责边界不清问题，屠宰监管手段、装备落后，行业监管的压力越来越大。

近年来，随着我国经济社会的快速发展和人民群众生活水平的日益提高，人民群众对食品安全提出了新的更高的要求，2008 年修订实施的《条例》的一些规定已不适应实践需要。主要表现为：一是生猪屠宰环节全过程管理制度不完善，生猪屠宰质量安全责任难以落实到位。二是生猪屠宰环节疫病防控制度不健全，难以适应当前动物疫病防控特别是非洲猪瘟防控工作面临的新形势新要求。三是法律责任设置偏轻、主管部门执法手段不足，对生猪屠宰违法违规行为打击力度不够。针对上述突出问题，有必要对《条例》予以修改完善。

二、《条例》修订的过程

生猪屠宰监督管理职能自 2013 年划入农业部以来，农业部即着手组织开展《条例》的修订工作。2016 年 6 月，向国务院报送了《生猪屠宰管理条例（修订草案送审稿）》。收到送审稿后，国务院法制办公室和司法部先后两次征求有关部门、地方人民政府和部分企业、行业协会的意见，向社会公开征求意见，进行实地调研，召开座谈会和专家论证会，在此基础上会同农业农村部对送审稿作了反复研究和修改，形成了《生猪屠宰管理条例（修订草案）》。经与相关部门达成一致后，报请国务院常务会议审议。2021 年 5 月 19 日，国务院第 136 次常务会议通过修订草案；6 月 25 日，国务院总理李克强签署第 742 号国务院令，公布了修订后的《条例》，自 2021 年 8 月 1 日起施行。

三、《条例》修订的主要内容

新《条例》共五章四十五条，注重与《中华人民共和国食品安全法》（以下简称《食品安全法》）、《中华人民共和国动物防疫法》（以下简称《动物防疫法》）等上位法进行衔接。一是落实预防为主、风险管理、全程控制、社会共治的食品安全工作原则，进一步完善生猪屠宰环节全过程管理制度。二是坚持问题导向，针对我国非洲猪瘟疫情防控实践，强化了屠宰环节动物疫病防控和保障措施。三是完善法律责任等内容，强化行政执法与刑事司法衔接，全面落实企业主体责任，落实"处罚到人"，加大违法成本，震慑违法行为。

（一）完善生猪屠宰全过程管理

《条例》此次修订，在总结实践经验的基础上，切实贯彻落实习近平总书记关于食品安全"四个最严"的要求,明确规定生猪屠宰厂(场)对其生产的生猪产品质量安全负责,突出全过程管理要求,在五个方面完善了生猪屠宰质量安全管理制度。一是建立生猪进厂(场)查验登记制度(第十三条)。严防问题生猪进入屠宰厂(场),要求生猪屠宰厂(场)依法查验生猪检疫证明等信息,如实记录生猪的来源、数量、供货者名称、联系方式等内容,确保生猪来源可追溯。二是加强屠宰全过程质量管理(第十四条、第十五条)。要求生猪屠宰厂(场)严格遵守国家规定的屠宰操作规程、生猪屠宰质量管理规范和肉品品质检验规程,肉品品质检验应当与生猪屠宰同步进行,并如实记录检验结果,确保屠宰过程可控。三是建立生猪产品出厂(场)记录制度(第十七条)。要求生猪屠宰厂(场)如实记录出厂(场)生猪产品的名称、规格、检疫证明号、肉品品质检验合格证号、购货者名称和联系方式等内容,确保生猪产品去向可查。四是建立问题生猪产品报告、召回制度(第十八条)。对发现的不符合食品安全标准、有证据证明可能危害人体健康、存在染疫或者疑似染疫等质量安全问题的生猪产品,明确要求生猪屠宰厂(场)及时履行报告、召回等义务,并对召回的生猪产品采取无害化处理等措施,确保问题产品不流入市场。五是实施生猪屠宰质量安全风险监测制度(第六条、第二十五条、第二十六条)。由农业农村部门组织对生猪屠宰环节的风险因素进行监测,根据风险监测结果有针对性地加强监督检查,结合生猪定点屠宰厂(场)规模、生产和技术条件以及质量安全管理状况,推行分级管理制度,提升监管水平。

(二)完善屠宰环节动物疫病防控

加强屠宰环节动物疫病防控,是降低动物疫病扩散风险,切断疫病传播途径的有效手段。《条例》注重与新修订的《动物防疫法》衔接,在认真总结前一阶段我国非洲猪瘟防控工作经验的基础上,进一步明确、强化生猪定点屠宰厂(场)的动物疫病防控主体责任,建立健全相关疫病防控制度。一是强化疫病检测、疫情排查与报告要求(第十三条、第十四条)。明确规定在发生动物疫情时,生猪屠宰厂(场)应当按照规定开展动物疫病检测,做好动物疫情排查和报告。屠宰过程中要严格执行消毒技术规范。同时,为有效防范非洲猪瘟等动物疫情经调运扩散蔓延,规定在发生动物疫情时,要对运输车辆的基本情况进行查验、记录。二是强化生猪屠宰检疫和保障措施（第十六条）。规定县级以上地方人民政府农业农村部门应当足额配备农业农村部门任命的兽医，由其对屠宰的生猪实施检疫。这里的"农业农村主管部门任命的兽医"即《动物防疫法》第六十六条规定的"官方兽医"。生猪屠宰厂（场）的生猪产品应当经检疫合格后方可出厂（场）；经检疫不合格的，应当按照国家有关规定处理。为了不增加企业负担，《条例》规定，县级以上地方人民政府应当按照本级政府职责，将生猪、生猪产品的检疫和监督管理所需经费纳入本级预算。三是强化布局规划与一体化发展要求（第五条、第八条）。各地应充分考虑生猪养殖、动物疫病防控和生猪产品消费的实际情况，按照科学布局、集中屠宰、有利流通、方便群众的原则，制订生猪屠宰行业发展规划。为解决生猪产销区分离、长途调运增加非洲猪瘟等动物疫病传播风险问题，国家鼓励生猪养殖、屠宰、加工、配送、销售一体化发展，推行标准化屠宰，支持建设冷链流通和配送体系，变"运猪"为"运肉"。

（三）完善相关法律责任

严厉打击生猪屠宰违法违规行为是确保生猪和生猪产品质量安全的重要手段。《条例》修订严格贯彻落实习近平总书记要求的"最严厉的处罚、最严肃的问责"，进一步明确有关主体的法律责任，完善执法手段。具体有以下几个方面的制度措施：一是加大对生猪屠宰违法行为的处罚力度。对未经定点从事生猪屠宰活动、出厂肉品品质检验不合格生猪产品、拒不履行问题生猪产品报告和召回义务、对生猪和生猪产品注水或者注入其他物质等违法行为，规定了责令停业整顿、没收违法所得、罚款直至吊销定点屠宰证书等行政处罚，罚款金额最高可达货值金额 30 倍。二是落实与食品安全法的衔接。规定出厂肉品品质检验不合格或者未经肉品品质检验的生猪产品、对生猪和生猪产品注水或者注入其他物质的，可以由公安机关依法对其直接负责的主管人员和其他直接责任人员处以 5 日以上 15 日以下拘留。生猪屠宰违法行为构成犯罪的，依法追究刑事责任。三是强化行政执法与刑事司法衔接力度。规定农业农村主管部门发现生猪屠宰涉嫌犯罪的，应当按照有关规定及时将案件移送同级公安机关。公安机关在相关案件侦查过程中，需要农业农村主管部门给予检验、认定等协助的，农业农村主管部门应当给予协助。四是规定行业禁入制度。生猪定点屠宰厂被吊销定点屠宰证书的，其法定代表人或者负责人、直接负责的主管人员和其他直接责任人员自处罚决定作出之日起 5 年内不得申请生猪定点屠宰证书，或者从事生猪屠宰管理活动；因食品安全犯罪被判处有期徒刑以上刑罚的，终身不得从事生猪屠宰管理活动。

第二部分

理解与适用

第一章 总 则

第一条 为了加强生猪屠宰管理，保证生猪产品质量安全，保障人民身体健康，制定本条例。

【理解与适用】本条是关于立法目的的规定。

我国猪肉产量自 1990 年超过美国之后，始终稳居世界第一，占全球猪肉产量一半左右。目前，中国已经成为猪肉生产、消费的第一大国。生猪屠宰是连接养殖和消费的重要环节，在运用行政、经济、技术等手段加强生猪屠宰管理的同时，更需要运用法律手段来规范生猪屠宰活动，以国家强制力来保障生猪屠宰全过程各项制度的顺利实施，并明确各级政府及有关部门、生猪定点屠宰厂（场）等在生猪屠宰中的责任。还需要指出的是，生猪屠宰管理仅有各级政府及其部门的参与是远远不够的，还需要生猪养殖、屠宰、加工、运输、经营、贮藏、消费等各环节涉及的有关单位和人员积极参与，形成社会共治的良好局面。

生猪产品作为我国公众"菜篮子"的重要产品，2011 年"瘦肉精"事件时引发了社会的广泛关注。农业部印发《关于深入推进"瘦肉精"专项整治工作的意见》（农牧发〔2011〕12 号），明确要求尽快建立县级快速筛查、市级复核检测、省级确证仲裁的畜产品质量安全检测体系；部署开展养殖、收购贩运、屠宰、环节的专项整治，坚决打击使用"瘦肉精"的违法犯罪行为；要求创新监管机制，建立跨省案件协查和涉嫌犯罪移送机制，建立监督举报、责任追究制度。2013 年生猪屠宰职能划转到农业农村部门后，各级农业农村部门扎实履职，对"瘦肉精"始终保持高压严打态势，多年连续开展专项行动，每年均在全国范围开展屠宰环节"瘦肉精"监督检测和风险监测。据统计，2013 年以来，生猪屠宰环节"瘦肉精"抽检合格率持续保持在 99％以上。但需要正视的是，我国生猪屠宰行业整体仍处于落后水平，屠宰场点"多、小、散、乱"并存，私屠滥宰现象屡禁不止，注水注药行为更加趋于隐蔽，生猪屠宰环节全过程管理制度不完善，生猪屠宰质量安全责任和生猪屠宰主体责任难以落实到位。为此，本条规定将"保障生猪产品质量安全"列为《生猪屠宰管理条例》的立法目的之一。通过此次修订，明确了生猪定点屠宰厂（场）的主体责任，赋予其法定职责和义务，有效保障了生猪屠宰质量安全水平。

做好生猪屠宰管理工作不仅仅是为了保障生猪产品质量安全，更重要的是保护人体健康。有专家称，在已知的200多种动物传染病和150多种动物寄生虫病中，至少有160多种可以传染给人，而且还在不断增长中。例如，人们若误食了含有猪Ⅱ型链球菌、沙门氏菌、囊尾蚴、旋毛虫、丝虫等病原体的生猪产品，会对身体健康产生不良影响，严重的可危及生命。此外，兽药残留、重金属超标等，也极大地威胁着消费者的身体健康。党的十九大报告将"实施健康中国战略"作为国家发展基本方略中的重要内容，将健康中国建设提升至国家战略地位。2016年10月，中共中央、国务院印发《"健康中国2030"规划纲要》，提出建设健康环境的战略任务，要求加强食品安全监管，让人民群众吃得安全、吃得放心。本次条例修订，将"保障人民身体健康"作为立法的目的之一，就是要求各相关方始终树牢以人民为中心的理念，切实做好生猪屠宰管理工作。

第二条 国家实行生猪定点屠宰、集中检疫制度。

除农村地区个人自宰自食的不实行定点屠宰外，任何单位和个人未经定点不得从事生猪屠宰活动。

在边远和交通不便的农村地区，可以设置仅限于向本地市场供应生猪产品的小型生猪屠宰场点，具体管理办法由省、自治区、直辖市制定。

【理解与适用】本条是关于生猪屠宰基本管理制度的规定。

一、定点屠宰、集中检疫制度

1985年放开生猪经营后，生猪屠宰行业出现了私屠滥宰抬头、病害肉增多、环境污染加剧等问题，四川省首先提出"定点屠宰、集中检疫"

的办法，将分散的屠宰户相对集中到符合兽医卫生要求的场所进行屠宰，由检疫人员在现场实施检疫。1987年，国务院办公厅转发商务部、财政部、物价局《关于生猪产销情况和安排意见的通知》（国办发〔1987〕7号），首次提出对上市生猪采取"定点屠宰、集中检疫、统一纳税、分散经营"的办法。1997年12月19日国务院令第238号发布《条例》，将上述十六字方针确定为法律制度，规定"国家对生猪实行定点屠宰、集中检疫、统一纳税、分散经营的制度"。由此，"定点屠宰、集中检疫"作为生猪屠宰管理的基本制度，且在2007修订条例时，予以保留。此次修订，农业农村部在送审稿提出改革生猪定点制度，实行生猪屠宰许可制度，拟通过提高门槛来淘汰落后产能，让资本雄厚、技术先进的企业进入屠宰行业。虽然生猪屠宰许可制度有一定的积极意义，但是综合各方面考虑，目前还是应当实行生猪定点屠宰制度为宜。理由：一是定点屠宰制度在保证生猪产品质量安全方面发挥了极大作用。从历史上看，生猪屠宰经历了"一把刀"—全面放开—定点屠宰的"收—放—乱—收"的变化过程，生猪定点屠宰制度已经实行20多年，从实践来看，对保障猪肉质量安全发挥了积极作用。如果取消定点屠宰制度，实行没有数量限制的屠宰许可制度，企业数量多了，监管力量有限，生猪产品质量安全难以保障。二是不宜在产能过剩情况下取消定点制度。据了解，目前生猪屠宰行业普遍产能过剩。在这种背景下，不宜实行没有数量限制的许可制度，还宜实行有数量限制的定点屠宰制度。三是淘汰落后产能可以通过定点屠宰企业退出机制实现。本条例规定，定点屠宰企业不再具备规定条件的，应当责令停业整顿，并限期整改。逾期仍达不到规定条件的，吊销生猪定点屠宰证书，收回定点屠宰标志牌。通过退出机制可以淘汰落后、引进先进。

二、农村地区个人自宰自食

虽然我国生猪产业目前已经进入以标准化规模化养殖为主的新阶段，但在广大农村地区始终还有一些家庭保留着家庭养猪、自宰自食猪肉的传统习惯和风俗。本条例尊重风俗习惯，对于农村地区以个人食用或赠予亲友、乡邻等为目的，且不进行交易的生猪屠宰活动，不通过定点屠宰方式进行规范。

三、小型生猪屠宰场点的设置

目前，我国交通状况与 2008 年《条例》修订时相比，有了极大的改善，很多农村都实现了"村村通"，但交通不便、靠外部供应肉品较为困难的偏远地区仍然存在。因此，在这些地区，设立小型生猪屠宰场点是现实需要，目的就是保障边远和交通不便的农村地区的肉品供应。由于我国幅员辽阔，地域差异大，在国家层面很难对"边远和交通不便的农村地区"以及"本地市场"的范围作出统一界定，由各省、自治区、直辖市出台具体管理办法，更符合小型生猪屠宰场点管理的实际。在东中部交通便利、配送体系健全的地区可考虑取消小型生猪屠宰场点，在中西部的山区、林区、草原牧区等交通不便的地区可以继续保留。但地方在制定具体管理办法时，要坚持"四个最严"的要求，小型生猪屠宰场点的条件标准不能降、企业质量安全主体责任不能丢、部门监管工作不能松，要严守食品安全的底线。

需要特别说明的是，对于小型生猪屠宰场点，本条例的规定是"可以"设置。法律中"可以"的表述不同于"应当"，仅是授权性规定，而非法定的义务性规定。各省、自治区、直辖市应尽快组织相关部门，结合本地区生猪屠宰行业现状和百姓消费习惯等情况，科学评估本省（自治区、直辖市）设置小型生猪屠宰场点的必要性。评估后认为确有必要设置小型生猪屠宰场点的，各省（自治区、直辖市）应该及时出台关于小型生猪屠宰场点管理的法律规范；评估后认为不需要设置小型生猪屠宰场点的，或者未对小型生猪屠宰场点的管理作出明确规定的，各省（自治区、直辖市）应当按照本条例的规定对区域内屠宰活动进行管理。

第三条 国务院农业农村主管部门负责全国生猪屠宰的行业管理工作。县级以上地方人民政府农业农村主管部门负责本行政区域内生猪屠宰活动的监督管理。

县级以上人民政府有关部门在各自职责范围内负责生猪屠宰活动的相关管理工作。

【理解与适用】本条是关于生猪屠宰主管部门及其管理权限的规定。

一、国务院农业农村主管部门的职责

根据本条例规定，国务院农业农村主管部门负责全国生猪屠宰的行业管理工作，其主要职责包括：①制定生猪定点屠宰厂（场）分级管理办法。②建立生猪屠宰厂（场）信用档案。③制定生猪屠宰操作规程、技术规范和生猪屠宰质量管理规范。④制定生猪屠宰肉品品质检验规程。⑤加强对生猪屠宰活动的日常监督检查，建立健全随机抽查机制。⑥建立举报制度。⑦规定生猪定点屠宰证书、生猪定点屠宰标志牌以及肉品品质检验合格验讫印章和肉品品质检验合格证的式样。⑧制定国家生猪屠宰质量安全风险监测计划。⑨本条例和相关法律、行政法规规定的其他职责。

二、县级以上地方人民政府农业农村主管部门

根据本条例的规定，县级以上地方人民政府农业农村主管部门负责本行政区域内生猪屠宰活动的监督管理，其主要职责包括：①省、自治区、直辖市人民政府农业农村主管部门会同有关部门制订生猪屠宰行业发展规划，报本级人民政府批准后实施。②省、自治区、直辖市人民政府农业农村主管部门制定本行政区域生猪屠宰质量安全风险监测方案并组织实施，同时报国务院农业农村主管部门备案。③建立举报制度。④建立生猪定点屠宰厂（场）信用档案。⑤按照规定足额配备农业农村主管部门任命的兽医。⑥加强对生猪屠宰活动的日常监督检查，建立健全随机抽查机制，加强对生猪定点屠宰厂（场）质量安全管理状况的监督检查。⑦组织查处生猪屠宰违法案件，负责上级农业农村主管部门交办的重大案件查处工作。⑧发现生猪屠宰涉嫌犯罪的，应当按照有关规定及时将案件移送同级公安机关。⑨本条例和相关法律、行政法规规定的其他职责。

三、县级以上人民政府有关部门的职责

生猪屠宰活动管理涉及范围广，应当坚持"政府统一领导、部门分工负责"的工作机制。县级以上人民政府有关部门，应当按照条例规定，在各自职责范围内负责生猪屠宰活动的相关管理工作，确保生猪屠宰活动有序进行。根据国家机构改革的工作部署和本条例的相关规定，目前与生猪屠宰活动相关的县级以上人民政府有关部门包括发展改革、公安、财政、

生猪屠宰管理条例理解与适用

生态环境、卫生健康和市场监督管理等部门。

第四条 县级以上地方人民政府应当加强对生猪屠宰监督管理工作的领导，及时协调、解决生猪屠宰监督管理工作中的重大问题。

乡镇人民政府、街道办事处应当加强生猪定点屠宰的宣传教育，协助做好生猪屠宰监督管理工作。

【理解与适用】本条是关于地方人民政府有关生猪屠宰管理责任的规定。

一、县级以上地方人民政府的职责

按照本条例规定，县级以上地方人民政府的主要职责包括：①省、自治区、直辖市人民政府审核批准本辖区的生猪屠宰行业发展规划。②设区的市级人民政府组织对本地区生猪定点屠宰厂（场）进行审查，征求省级农业农村主管部门意见确定；颁发生猪定点屠宰证书、标志牌；向社会公布生猪定点屠宰厂（场）名单；在省、自治区、直辖市人民政府备案；依法吊销违法企业的生猪定点屠宰证书。③县级以上地方人民政府按照本级政府职责，将生猪、生猪产品的检疫和监督管理所需经费纳入本级预算。对生猪定点屠宰厂（场）对病害生猪及生猪产品进行无害化处理的费用和损失，结合本地实际予以适当补贴。④县级以上地方人民政府要确保生猪屠宰监督管理和行政执法队伍健全完善。⑤不得限制外地生猪定点屠宰厂（场）经检疫和肉品品质检验合格的生猪产品进入本地市场。⑥及时协调、解决生猪屠宰监督管理工作中的其他各类重大问题。

2019年2月，中共中央办公厅、国务院办公厅印发《地方党政领导干部食品安全责任制规定》，明确建立地方党政领导干部食品安全工作责任制，坚持党政同责、一岗双责，权责一致、齐抓共管，失职追责、尽职免责。明确地方各级党委和政府对本地区食品安全工作负总责，主要负责人是本地区食品安全工作第一责任人，班子其他成员对分管（含协管、联系）行业或者领域内的食品安全工作负责。地方各级党委常委会其他委员、地方各级政府领导班子其他成员，应当按照职责分工，加强对分管行

· 26 ·

业或者领域内食品安全相关工作的领导，协助党委主要负责人/政府主要负责人，统筹推进分管行业或者领域内食品安全相关工作，督促指导相关部门依法履行工作职责，及时研究解决分管行业或者领域内食品安全相关工作问题。

2019 年 5 月，中共中央、国务院印发《关于深化改革加强食品安全工作的意见》，明确要求地方各级党委和政府要把食品安全作为一项重大政治任务来抓，落实《地方党政领导干部食品安全责任制规定》，自觉履行组织领导和督促落实食品安全属地管理责任，确保不发生重大食品安全事件。要求各地区各有关部门每年 12 月底前要向党中央、国务院报告食品安全工作情况。

二、乡镇人民政府、街道办事处的职责

按照本条例规定，乡镇人民政府、街道办事处主要职责包括：①加强生猪定点屠宰的宣传教育。②协助做好生猪屠宰监督管理工作。

根据宪法、地方各级人民代表大会和地方各级人民政府组织法的规定，乡是我国的一级行政区划，乡镇人民政府包括乡、民族乡、镇的人民政府，街道办事处是市辖区和不设区的市的人民政府设立的派出机关。乡镇人民政府、街道办事处都是基层政府机关，与群众接触面广，在社会治理和公共服务方面发挥重要作用。当前，我国生猪屠宰行业整体仍处于落后水平，私屠滥宰现象屡禁不止，且多隐藏在偏僻地区，人民群众对《条例》认识不足，因此乡镇人民政府、街道办事处做好宣传教育和协助监管工作至关重要。首先，乡镇人民政府、街道办事处应当负责本辖区生猪定点屠宰的宣传教育工作，大力宣传定点屠宰、集中检疫的重要性，普及生猪屠宰管理的法律知识，教育群众知法、懂法、守法。其次，乡镇人民政府、街道办事处应当协助农业农村主管部门做好生猪定点屠宰、集中检疫等工作，加强屠宰管理，控制疫情传播，制止病害肉上市，防止环境污染等，让本行政区域内的人民群众吃上放心肉。同时，积极排查违法线索，及时汇报情况，配合行政执法部门纠正生猪屠宰违法违规行为。各地方人民政府要根据当地实际情况，明确乡镇人民政府、街道办事处在生猪屠宰监管工作的职责，保障生猪屠宰监管工作在乡镇、街道的顺利开展。

第五条 国家鼓励生猪养殖、屠宰、加工、配送、销售一体化发展，推行标准化屠宰，支持建设冷链流通和配送体系。

【理解与适用】本条是关于国家生猪产业政策方向的规定。

一、鼓励全产业链一体化发展

2020年9月，国务院办公厅印发《关于促进畜牧业高质量发展的意见》（国办发〔2020〕31号），要求提升畜禽屠宰加工行业整体水平，鼓励大型畜禽养殖企业、屠宰加工企业开展养殖、屠宰、加工、配送、销售一体化经营，提高肉品精深加工和副产品综合利用水平。众所周知，生猪屠宰是生猪养殖与肉品消费的中间环节，屠宰企业生产经营状况受上下游影响较大。从发达国家发展经验看，生猪屠宰行业实现了由传统的单一屠宰加工方式向生猪养殖、屠宰加工、冷链运输、冷链销售、连锁经营的全链条一体化方式转变。

党的十九大报告提出，要实施乡村振兴战略，促进农村一二三产业融合发展；2018年中央1号文件进一步强调，要实施质量兴农战略，构建农村一二三产业融合发展体系。促进农村一二三产业融合发展，是以习近平同志为核心的党中央针对新时代农村改革发展面临的新问题作出的重大决策，是实施乡村振兴战略、加快推进农业农村现代化、促进城乡融合发展的重要举措，是推动农业增效、农村繁荣、农民增收的重要途径。

生猪产业是我国农业生产的重要组成部分。发展生猪养殖、屠宰、加工、配送、销售一体化，是构建农村一二三产业融合发展体系的战略要点之一。通过鼓励一体化发展的生猪产业政策，调配好各种资源要素，打破行业、区域、城乡之间原有阻滞障碍，促进资本、人才、技术、信息等要素的顺畅流动、融合发展，实现产业和区域间的优势互补、良性互动，有利于解决生猪养殖、屠宰、加工、配送、销售发展不平衡不充分的问题；有利于构建现代生猪产业经济体系，提升供给体系的质量和效益；有利于促进生产、生活、生态有机结合，形成城乡融合发展新格局；有利于带动农村全产业链融合发展，在全面推进乡村振兴中促进农民农村共同富裕。

二、推行标准化屠宰

当前，生猪屠宰行业总体水平参差不齐，小型生猪屠宰场点和落后产能仍过多过滥，企业质量安全主体责任难以有效落实，"劣币驱逐良币"的现象时有发生。加之我国目前"代宰"现象普遍，屠宰企业"只收费、不管理，只宰杀、不检验"的现象仍然存在，肉品品质检验制度在一些地方流于形式，给生猪产品质量安全带来很大隐患。我国正处于传统畜牧业向现代畜牧业加快转变的关键阶段，生猪屠宰作为生猪产业的重要部分，可以说已成为实现畜牧业现代化的瓶颈和短板。推行标准化屠宰，是生猪屠宰行业实施国家质量兴农战略的重要手段，是国务院《全国农业现代化规划（2016—2020 年）》关于"绿色兴农　着力提升农业可持续发展水平"中的明确要求。2018 年，农业农村部办公厅印发《关于深入推进生猪屠宰标准化创建的通知》（农办医〔2018〕26 号），提出 2018—2020 年在全国创建 100 家左右生猪屠宰标准化示范厂，带动各地屠宰厂标准化建设，提升标准化水平。截至 2021 年 6 月底，农业农村部已向社会公布 98 家生猪屠宰标准化示范厂。

《国务院办公厅关于促进畜牧业高质量发展的意见》（国办发〔2020〕31 号）中也明确了提升畜禽屠宰加工行业整体水平，加快构建现代加工流通体系的重要措施之一就是开展生猪屠宰标准化示范创建。生猪屠宰标准化，是生猪屠宰行业高质量发展的关键措施。当前，生猪标准化屠宰发展很不充分、很不平衡。许多地区屠宰标准化水平不高，不适应生产发展、消费升级的要求。国家必须立足当前，着眼长远，从产业政策上注重加快推进生猪屠宰方式转变，以消费升级带动标准化，以标准化促进消费升级，发挥生猪屠宰环节引导生产、促进消费的核心作用。

推行标准化屠宰，是屠宰企业加快转型升级、提高行业竞争力的重要举措，是提升生猪产品质量安全，促进屠宰行业高质量发展的重要抓手。一方面，要引导生猪定点屠宰厂（场）提升质量管理能力，建立科学有效的屠宰质量安全标准体系，优化工艺流程，完善全过程质量控制体系。另一方面，要支持指导生猪定点屠宰厂（场）升级改造，在屠宰加工、检测检验、质量追溯、冷链设施、副产品综合利用等方面加大投入，提高屠宰机械化、自动化、智能化水平，努力创建国家级、省级标准化规模屠宰厂，增强企业服务"三农"的功能。2021年，农业农村部办公厅印发《关于深入开展生猪屠宰标准化示范创建工作的通知》（农办牧〔2021〕39号），继续开展生猪屠宰标准化示范创建工作，统一纳入农业高质量发展标准化示范项目管理，按照质量管理制度化、厂区环境整洁化、设施设备标准化、生产经营规范化、检测检验科学化、排放处理无害化的总体要求，从2021年开始，利用5年左右时间，在全国创建一批生猪屠宰标准化建设示范单位，发挥示范引领作用，提升生猪屠宰行业标准化水平。农业农村部屠宰技术中心按照通知要求，制定了《农业高质量发展标准化示范项目（生猪屠宰标准化建设）建设指南》，指导各地生猪屠宰企业开展生猪屠宰标准化创建工作。

三、支持建设冷链流通和配送体系

生猪产品冷链流通由冷冻加工、冷冻贮藏、冷藏运输及配送、冷冻销售等方面构成，需要综合考虑生产、运输、销售、经济和技术性等各个要素，并协调好各要素间的关系，以确保产品在加工、运输和销售过程中保值增值。建设生猪产品冷链流通和配送体系的好处是：通过提高流通效率、控制流通环境，可以提高肉品保鲜能力，延长食物存储期；在确保食品安全的前提下，还能保持肉品的营养和味道，提高生猪产业整体的质量和效益。

但是，由于冷链物流体系建设具有建设投资大、运营成本高和组织协调难等特点，需要国家和各级政府产业政策的支持。在生猪产品的冷链流通配送中，为确保产品始终处于规定的低温条件下，必须安装温控设备，使用冷藏车或低温仓库，采用先进的信息系统等，比一般常温物流系统的要求更高、更复杂，要求各环节具有更高的组织协调性和更精准的时效性，应该成为产业政策支持的重点。

特别是从2018年8月以来，非洲猪瘟疫情在我国多地暴发，为遏制疫情发展，保障市场供应，我国鼓励生猪定点屠宰厂（场）实行"集中屠宰、冷链运输、冷鲜上市"模式，提升生猪产地屠宰加工能力，加快猪肉供应链由"调猪"向"调肉"转变。为做好冷链流通和配送体系建设工作，国家层面多次发文予以鼓励和支持。2019年9月，国务院办公厅印发《关于稳定生猪生产促进转型升级的意见》（国办发〔2019〕44号），要求加强冷链物流基础设施建设，逐步构建生猪主产区与主销区有效对接的冷链物流基础设施网络。鼓励屠宰企业建设标准化预冷集配中心、低温分割加工车间、冷库等设施，提高生猪产品加工储藏能力；鼓励屠宰企业配备冷藏车等设备，提高长距离运输能力；鼓励生猪产品主销区建设标准化流通型冷库、低温加工处理中心、冷链配送设施和冷鲜肉配送点，提高终端配送能力。2020年9月，国务院办公厅印发《关于促进畜牧业高质量发展的意见》（国办发〔2020〕31号），要求加快健全畜禽产品冷链加工配送体系。鼓励屠宰加工企业建设冷却库、低温分割车间等冷藏加工设施，配置冷链运输设备；推动物流配送企业完善冷链配送体系，拓展销售网络；倡导畜禽产品安全健康消费，逐步提高冷鲜肉品消费比重。2021年6月，国家发展改革委印发《城乡冷链和国家物流枢纽建设中央预算内投资专项管理办法》（发改经贸规〔2021〕817号），明确提出城乡冷链和国家物流枢纽建设中央预算内投资专项重点支持服务于肉类屠宰加工及流通的冷链物流设施项目（不含屠宰加工线等生产设施）、公共冷库新建、改扩建、智能化改造及相关配套设施项目。2021年8月，农业农村部、国家发展改革委、财政部、生态环境部、商务部、银保监会印发《关于促进生猪产业持续健康发展的意见》（农牧发〔2021〕24号），要求鼓励和支持主产区生猪屠宰加工企业改造屠宰加工、冷链储藏和运输设施，推动主销区城市屠宰加工企业改造提升低温加工处理中心、冷链集配中心、冷鲜肉配送点，促进产销衔接。

第六条 国家根据生猪定点屠宰厂（场）的规模、生产和技术条件以及质量安全管理状况，推行生猪定点屠宰厂（场）分级管理制度，鼓励、引导、扶持生猪定点屠宰厂（场）改善生产和技术条件，加强质量安全管理，提高生猪产品质量安全水平。生猪定点屠宰厂（场）分级管理的具体办法由国务院农业农村主管部门制定。

【理解与适用】本条是关于生猪定点屠宰场（场）分级管理制度的规定。

根据本条规定，国务院农业农村主管部门制定生猪定点屠宰厂（场）

分级管理的具体办法。

本条一是明确了分级管理制度制定的依据，生猪定点屠宰厂（场）的规模、生产和技术条件以及质量安全管理状况；二是明确了分级管理制度的意义，鼓励、引导、扶持生猪定点屠宰厂（场）改善生产和技术条件，加强质量安全管理，提高生猪产品质量安全水平。

国家为推行生猪定点屠宰厂（场）分级管理制度，已经进行了十多年的探索，并制修订了相关标准。在生猪屠宰管理职能移交农业农村部门之前，商务部按照《条例》要求，制定了《SB/T 10396—2011 生猪定点屠宰厂（场）资质等级要求》和《生猪定点屠宰厂（场）分级管理办法（试行）》，将生猪定点屠宰厂（场）按照规模和硬件条件分为 5 个等级，利用等级划分限制销售范围，进行了初步探索。2013 年生猪屠宰管理职能移交农业农村部门后，为了提高监管效能，消除生猪产品质量安全隐患，基于行业实际情况，本条例仍然保留了对生猪定点屠宰厂（场）实施分级管理的要求。针对如何做好分级管理工作，主要从以下几方面考虑：一是以加强生猪定点屠宰厂（场）质量安全监督管理，提高生猪产品质量安全水平为目的，聚焦屠宰行业产能落后、产品质量水平不高、企业规模化程度不高等问题，通过推行生猪屠宰质量管理规范，达到逐步淘汰落后产能，提高产品质量安全水平和规模化程度的目的。二是根据生猪定点屠宰厂（场）的规模、生产和技术条件以及质量安全管理状况，梳理生猪定点屠宰厂（场）在屠宰活动全过程中能够影响质量安全的风险点，科学设置评估要素，从而实现提高监管效能和监管水平，促进行业健康发展的目的。

需要说明的是，国家层面负责推行的生猪定点屠宰厂（场）分级管理制度针对的是生猪定点屠宰厂（场），在边远和交通不便的农村地区设置仅限于向本地市场供应生猪产品的小型生猪屠宰场点，由各省、自治区、直辖市管理。

第七条 县级以上人民政府农业农村主管部门应当建立生猪定点屠宰厂（场）信用档案，记录日常监督检查结果、违法行为查处等情况，并依法向社会公示。

【理解与适用】本条是关于生猪定点屠宰厂（场）信用档案的规定。

　　根据本条规定，县级以上人民政府农业农村主管部门应当开展三项工作：一是要对辖区内所有生猪定点屠宰厂（场）建立信用档案；二是要在档案中记录日常监督检查结果、违法行为查处等情况；三是要依法向社会公示。

　　2019年7月9日，国务院办公厅下发《关于加快推进社会信用体系建设构建以信用为基础的新型监管机制的指导意见》（国办发〔2019〕35号），明确提出要全面建立市场主体信用记录，根据权责清单建立信用信息采集目录，在办理注册登记、资质审核、日常监管、公共服务等过程中，及时、准确、全面记录市场主体信用行为，特别是将失信记录建档留痕，做到可查可核可溯。本条例将建立生猪定点屠宰厂（场）信用档案上升至法规层面，明确由县级以上人民政府农业农村主管部门建立生猪屠宰厂（场）信用档案，记录日常监督检查结果、违法行为查处等情况，并依法向社会公示。

　　生猪定点屠宰厂（场）的信用档案，是对生猪定点屠宰厂（场）是否诚信经营的真实反映，是企业信用的载体，对企业具有重要意义。建立生猪定点屠宰厂（场）信用档案，是农业农村主管部门对生猪定点屠宰厂（场）实行信用管理的必备条件。记录日常监督检查结果、违法行为查处等情况，是农业农村主管部门对生猪定点屠宰厂（场）信用行为进行动态管理的重要方式。通过建立生猪定点屠宰厂（场）信用档案，并依法公示可以起到以下三个作用：一是引导百姓消费。通过信用档案公示，可以让消费者清楚了解生猪定点屠宰厂（场）诚信度，知晓生猪定点屠宰厂（场）在生猪产品的生产、销售等方面是否存在违法违规行为，从而做出正确的购买决策。二是促进优胜劣汰。通过信用档案公示，可以对诚信度高的生猪定点屠宰厂（场）起到宣传作用，推进诚信生猪定点屠宰厂（场）发展，加快淘汰失信生猪定点屠宰厂（场），促进我国生猪屠宰行业健康有序发展。三是保障食品安全。建立健全生猪屠宰厂（场）的信用记录制度并依法公示，有利于落实生猪定点屠宰厂（场）质量安全主体责任，督促企业建立标准操作规范，严格执行生猪屠宰操作规程，实施肉品品质检验，规范生猪屠宰生产活动，进一步提升企业内控能力，确保生猪产品质量安全。

第二章　生猪定点屠宰

第八条　省、自治区、直辖市人民政府农业农村主管部门会同生态环境主管部门以及其他有关部门，按照科学布局、集中屠宰、有利流通、方便群众的原则，结合生猪养殖、动物疫病防控和生猪产品消费实际情况制订生猪屠宰行业发展规划，报本级人民政府批准后实施。

生猪屠宰行业发展规划应当包括发展目标、屠宰厂（场）设置、政策措施等内容。

【理解与适用】 本条是关于生猪屠宰行业发展规划的规定。

自1997年《条例》颁布以来，各省（区、市）按照《条例》要求，结合本地实际情况制定了各地的生猪定点屠宰厂（场）设置规划，规定了本省（区、市）的生猪定点屠宰厂（场）设置规划要求。各省（区、市）的设置规划基本上在2015年都已到期。根据当前生猪屠宰行业的发展和实际，设置规划的部分要求已不符合目前屠宰行业的转型升级和发展要求。虽然生猪定点屠宰厂（场）设置规划和行业发展规划都是屠宰行业主管部门制定的，都是推动屠宰行业发展的指导性文件，但设置规划的主要目的是严格控制生猪定点屠宰厂（场）数量和区域布局；行业发展规划的内容比设置规划更全面，在对生猪定点屠宰厂（场）设置数量和区域布局提出要求的同时，更强调行业发展目标、产业政策措施等方面的指导作用。因此，本条将原条例（2016年修订）第五条规定的"设置规划"修改为"发展规划"，并细化了制定原则，明确了发展规划的主要内容。

本次修订中要求结合生猪养殖、动物疫病防控和生猪产品消费实际情况制定规划，从法规层面明确了制定生猪屠宰行业发展规划必须考虑的三方面实际情况。生猪养殖要统筹地区畜牧业发展、产业布局、当地生猪养殖习惯、生态环境承载力、玉米等粮食主产区、生猪调出大县等多方面因素，推进生猪养殖转型升级，转变养殖方式，优化养殖结构，综合利用养殖废弃物，逐步形成产业兴旺、资源节约、循环利用、环境友好的生猪生产发展新格局。对于动物疫病防控，要严格按照《动物防疫法》《国务院办公厅关于加强非洲猪瘟防控工作的意见》（国办发〔2019〕31号）和《非洲猪瘟等重大动物疫病分区防控工作方案（试行）》等文件精神，认真落实各项防控措施，全面提升动物疫病防控能力，加强疫病防控区域化管理，制定分区防控方案，建立协调监管机制和区域内省际联席会议制度，推进区域联防联控，统筹抓好动物疫病防控、调运监管和市场供应，科学规划生猪养殖、屠宰加工等产业布局，促进区域内生猪产销平衡，降低疫情跨区域传播风险。生猪产品消费要顺应猪肉消费升级和动物疫病防控的客观要求，实现"运猪"向"运肉"转变，加大区域内生猪产销衔接，生猪主销省份要与主产省份建立长期稳定的供销关系。同时，要综合考虑地缘因素、人口因素、饮食习惯等生猪产品消费实际。

本条第二款规定，生猪屠宰行业发展规划应当包括发展目标、政策措施、屠宰厂（场）设置等内容。生猪屠宰行业发展目标要符合屠宰行业相关法律法规、标准、规范体系，依法规范屠宰活动，维护屠宰行业正常秩序，保障屠宰环节肉食品质量安全。要调整优化屠宰行业结构，大力推进屠宰企业现代化、标准化、规模化、品牌化发展。要建立权责一致、分工明确、运行高效的屠宰环节质量安全监管体系。要强化政策措施，完善法制建设，优化行业布局，出台相关扶持政策，加大行业扶持力度，提升行业自律能力，建立诚信体系，激发和释放屠宰行业活力，推动屠宰行业健康发展。要明确屠宰厂（场）设置，抓好屠宰厂（场）设置管理，如实行企业数量的动态管理，在一定数量范围内为优质社会资本进入屠宰行业留出空间；提高行业准入门槛，通过制定实施生猪屠宰质量管理规范，加快淘汰落后产能等。

生猪屠宰行业发展规划应当由省级农业农村主管部门会同生态环境主管部门以及其他有关部门制定，报省、自治区、直辖市人民政府批准后实施。

第九条　生猪定点屠宰厂（场）由设区的市级人民政府根据生猪屠宰行业发展规划，组织农业农村、生态环境主管部门以及其他有关部门，依照本条例规定的条件进行审查，经征求省、自治区、直辖市人民政府农业农村主管部门的意见确定，并颁发生猪定点屠宰证书和生猪定点屠宰标志牌。

生猪定点屠宰证书应当载明屠宰厂（场）名称、生产地址和法定代表人（负责人）等事项。

生猪定点屠宰厂（场）变更生产地址的，应当依照本条例的规定，重新申请生猪定点屠宰证书；变更屠宰厂（场）名称、法定代表人（负责人）的，应当在市场监督管理部门办理变更登记手续后15个工作日内，向原发证机关办理变更生猪定点屠宰证书。

设区的市级人民政府应当将其确定的生猪定点屠宰厂（场）名单及时向社会公布，并报省、自治区、直辖市人民政府备案。

【理解与适用】 本条是关于生猪定点屠宰厂（场）审查和信息变更的规定。

本条是对原条例第六条内容的修订和补充。新补充的内容为第二款、第三款，是按照《中华人民共和国行政许可法》（以下简称《行政许可法》）第四十九条关于变更许可事项规定要求，完善生猪定点屠宰厂（场）申请变更许可事项的相关程序和内容。

本条继续保留由设区的市级人民政府审查的原因：一是设区的市级人民政府已开展了十多年的定点屠宰资格审查，具有成熟的工作经验，继续由其负责有利于保持工作的连续性。二是从屠宰行业今后发展方向看，设立生猪定点屠宰厂（场）应结合地区养殖布局、肉类市场需求、资源环境可承载能力等情况统筹考虑。三是如果由行业管理部门负责审批，在部门协调、工作统筹等方面面临很大困难，将导致准入审批、资格清理等工作难以有效开展。1997年制定的《条例》曾将县级人民政府作为审查确定生猪定点屠宰厂（场）的主体，但出现了很多"人情厂（场）"的审批，降低了屠宰行业整体水平，加大了监管难度，增加了肉品质量安全风险。

一、生猪定点屠宰厂（场）的审查管理

1. 审查主体及流程 依据本条第一款的规定，生猪定点屠宰厂（场）的审查应包括以下程序：申请人申请；设区的市级人民政府受理；组织农业农村主管部门、生态环境主管部门以及其他有关部门，依照本条例规定

的条件进行审查；征求省、自治区、直辖市人民政府农业农村主管部门的意见；确定颁发生猪定点屠宰证书和生猪定点屠宰标志牌的批复；设区的市级人民政府将其确定的生猪定点屠宰厂（场）名单报省、自治区、直辖市人民政府备案。

2. 审查依据 依据本条第一款的规定，生猪定点屠宰厂（场）的审定依据分为两个部分：一是审查是否符合本省（区、市）制定的生猪屠宰行业发展规划；二是审查是否符合本条例第十一条规定的七项条件。

3. 审查结果确定 依据本条第一款的规定，生猪定点屠宰厂（场）通过设区的市级人民政府的审查，并经省（区、市）人民政府农业农村主管部门同意后，由设区的市级人民政府颁发生猪定点屠宰证书和生猪定点屠宰标志牌。农业农村主管部门应当按照国务院农业农村主管部门制定的规则和要求，对生猪定点屠宰厂（场）的屠宰代码进行统一编码，确保每个生猪定点屠宰厂（场）的屠宰代码具有唯一性。

二、生猪定点屠宰证书内容

本条第二款规定：生猪定点屠宰证书应当载明屠宰厂（场）名称、生产地址和法定代表人（负责人）等事项。

生产地址为生产区所在的地址。生猪定点屠宰证书的样式、内容、格式等由农业农村部制定，内容包括屠宰厂（场）批准号、定点屠宰代码、屠宰厂（场）名称、法定代表人（负责人）、生产地址、发证机关和发证日期等内容。

三、生猪定点屠宰许可的变更

本条第三款明确了生猪定点屠宰厂（场）发生变更的相关管理规定，共涉及行政许可事项的两种情形。

一是生猪定点屠宰厂（场）变更生产地址的，应当依照本条例的规定，重新申请生猪定点屠宰证书。生猪定点屠宰厂（场）生产地址变更了，也就意味着屠宰厂（场）地址、建设条件、相关配套设施等都发生了改变，按照行政许可的要求，需重新进行申请，发证机关重新按照本条例第十一条规定的生猪定点屠宰厂（场）应当具备的条件进行审查，审查合格的按照相关程序重新颁发生猪定点屠宰证书。

二是变更屠宰厂（场）名称、法定代表人（负责人）的。由于只是变更了屠宰厂（场）名称、法定代表人（负责人），但屠宰厂（场）地址、建设条件、相关配套设施等都未发生改变，这就需要按照程序先到市场监督管理部门办理变更登记手续，办理变更手续15个工作日内应向原发证机关变更生猪定点屠宰证书，由原发证机关根据市场监督管理部门办理的变更登记手续和相关材料对生猪定点屠宰证书进行变更。

四、社会监督

本条第四款规定：设区的市级人民政府应当将其确定的生猪定点屠宰厂（场）名单及时向社会公布，并报省、自治区、直辖市人民政府备案。

根据《行政许可法》第四十条规定，"行政机关作出的准予行政许可决定，应当予以公开，公众有权查阅"。设区的市级人民政府在向通过审查合格的生猪屠宰厂（场）颁发生猪定点屠宰证书和生猪定点屠宰标志牌后，应及时向社会公布其确定的生猪定点屠宰厂（场）名单，并报省、自治区、直辖市人民政府备案，便于加强监督管理和社会各界监督。

需要注意的是，根据《国务院办公厅关于全面推行证明事项和涉企经营许可事项告知承诺制的指导意见》（国办发〔2020〕42号）和《国务院关于深化"证照分离"改革进一步激发市场主体发展活力的通知》（国发〔2021〕7号）的要求，申请人在办理审查、变更等手续时，要通过强化政府内部信息共享和核查等方式，优化审批服务，不再要求申请人提供动物防疫条件合格证和符合环境保护要求的污染防治设施清单及相关证明材料；自由贸易试验区内，申请人书面承诺已经符合告知的相关要求，并愿意承担不实承诺的法律责任，要依据书面承诺办理审查、变更等事项。

第十条 生猪定点屠宰厂（场）应当将生猪定点屠宰标志牌悬挂于厂（场）区的显著位置。

生猪定点屠宰证书和生猪定点屠宰标志牌不得出借、转让。任何单位和个人不得冒用或者使用伪造的生猪定点屠宰证书和生猪定点屠宰标志牌。

【理解与适用】本条是关于生猪定点屠宰证书和生猪定点屠宰标志牌的管理规定。

一、关于生猪定点屠宰标志牌公示的规定

本条第一款规定，生猪定点屠宰厂（场）应当将生猪定点屠宰标志牌悬挂于厂（场）区的显著位置。

按照行政许可和生猪定点屠宰行业管理公示要求，生猪定点屠宰厂（场）取得生猪定点屠宰标志牌后，应当将生猪定点屠宰标志牌悬挂于厂（场）区显著位置进行公示。生猪定点屠宰标志牌是生猪定点屠宰厂（场）取得合法资质的体现，代表企业的合法性，悬挂生猪定点屠宰标志牌便于公众识别和管理，并接受社会各界的监督。

二、关于生猪定点屠宰证书和生猪定点屠宰标志牌许可专属性的规定

本条第二款规定，生猪定点屠宰证书和生猪定点屠宰标志牌不得出借、转让。任何单位和个人不得冒用或者使用伪造的生猪定点屠宰证书和生猪定点屠宰标志牌。

该条明确了生猪定点屠宰证书和生猪定点屠宰标志牌许可的特殊性，许可内容是针对特定的主体而言的，生猪定点屠宰证书和生猪定点屠宰标志牌是生猪定点屠宰厂（场）依法取得的具有合法效力的资质。国家对生猪定点屠宰证书和生猪定点屠宰标志牌的印制、使用有严格的规定。生猪定点屠宰证书和生猪定点屠宰标志牌具有专属性，生猪定点屠宰厂（场）不得将生猪定点屠宰证书和生猪定点屠宰标志牌出借、转让任何单位和个人。任何单位和个人不得冒用或者使用伪造的生猪定点屠宰证书和生猪定点屠宰标志牌。如果违反此条规定，按照本条例第三十一条规定进行处罚。

第十一条 生猪定点屠宰厂（场）应当具备下列条件：

（一）有与屠宰规模相适应、水质符合国家规定标准的水源条件；

（二）有符合国家规定要求的待宰间、屠宰间、急宰间、检验室以及生猪屠宰设备和运载工具；

（三）有依法取得健康证明的屠宰技术人员；

（四）有经考核合格的兽医卫生检验人员；

（五）有符合国家规定要求的检验设备、消毒设施以及符合环境保护要求的污染防治设施；

（六）有病害生猪及生猪产品无害化处理设施或者无害化处理委托协议；

（七）依法取得动物防疫条件合格证。

【理解与适用】 本条是关于生猪定点屠宰厂（场）应当具备条件的规定。

本条对原条例第八条进行了调整和补充。在原条例第八条"（六）有病害生猪及生猪产品无害化处理设施"的基础上增加了"或者无害化处理委托协议"。

一、对生猪屠宰水源条件的规定

生猪定点屠宰厂（场）应当有与屠宰规模相适应、水质符合国家规定标准的水源条件。一是生猪定点屠宰厂（场）应当有与屠宰规模相适应的充足水源，用水量可参照《猪屠宰与分割车间设计规范》（GB 50317）的相关规定，即每头猪的生产用水量按 0.4～0.6 米^3 计算，水量小时变化系数为 1.5～2.0；二是屠宰与分割车间生产用水应符合国家标准《生活饮用水卫生标准》（GB 5749）的要求；屠宰车间待宰圈地面冲洗可采用城市杂用水或中水作为水源，其水质应达到国家标准《城市污水再生利用 城市杂用水水质》（GB/T 18920）的规定。同时，在提交定点屠宰申请时要提供水源说明和具有水质检测资质机构出具的水质检测报告。

二、对生猪屠宰设施、设备等硬件条件的规定

生猪定点屠宰厂（场）应当有符合国家规定要求的待宰间、屠宰间、急宰间、检验室以及生猪屠宰设备和运载工具。

生猪定点屠宰厂（场）应当设有待宰间、屠宰间、急宰间、检验室，其建筑和布局应符合《猪屠宰与分割车间设计规范》（GB 50317）和《食

品安全国家标准　畜禽屠宰加工卫生规范》（GB 12694）的规定。生猪定点屠宰厂（场）厂区的选址、设计、布局、建造等应符合动物防疫、环境保护、卫生防护和安全生产等相关要求；应设有待宰间、隔离间、屠宰间、急宰间、检验室、官方兽医室、无害化处理间等，布局与设施应满足生产工艺流程和卫生要求。其中待宰间是宰前停食、饮水、冲淋和宰前检验的场所；屠宰间是自致昏刺杀放血到加工成二分胴体的场所；急宰间是对出现普通病临床症状、物理性损伤以及一、二类疫病以外的生猪进行紧急屠宰的场所。

　　生猪定点屠宰厂（场）应设立检验室，配备与屠宰规模相适应的、符合国家规定要求的、必要的检验设备，具备检验所需要的检测方法和相关标准资料，并建立完整的内部管理制度，以确保检验结果的准确性。

　　生产设备、工器具和容器的设计、选型、安装、改造和维护应当符合屠宰质量安全管理要求，满足屠宰加工能力和工艺要求。生猪屠宰设备主要包括猪屠体清洗装置、致昏器、悬挂输送机、浸烫池、脱毛机、劈半机等设备。

　　运载工具主要包括生猪运输车辆、生猪产品运输专用冷藏、冷冻等车辆。生猪屠宰设备和运载工具应符合《食品安全国家标准　畜禽屠宰加工卫生规范》（GB 12694）的要求。

三、对屠宰技术人员条件的规定

　　生猪定点屠宰厂（场）应当有依法取得健康证明的屠宰技术人员。《中华人民共和国传染病防治法》（以下简称《传染病防治法》）第十六条第二款规定，传染病病人、病原携带者和疑似传染病病人，在治愈前或者在排除传染病嫌疑前，不得从事法律、行政法规和国务院卫生行政部门规定的禁止从事的易使该传染病扩散的工作。《食品安全法》第四十五条规定，食品生产经营者应当建立并执行从业人员健康管理制度。患有国务院卫生行政部门规定的有碍食品安全疾病的人员，不得从事接触直接入口食品的工作。从事接触直接入口食品工作的食品生产经营人员应当每年进行健康检查，取得健康证明后方可上岗工作。《动物防疫法》第三十五条规定，患有人畜共患传染病的人员不得直接从事动物疫病监测、检测、检验检疫、诊疗以及易感染动物的饲养、屠宰、经营、隔离、运输等活动。本条第三项与相关上位法进行衔接，要求生猪定点屠宰厂（场）的屠宰技术人员应依法取得健康证明。

四、对兽医卫生检验人员条件的规定

生猪定点屠宰厂（场）应当有经考核合格的兽医卫生检验人员。原条例规定，生猪定点屠宰厂（场）应当有经考核合格的肉品品质检验人员。2016 年 12 月，国务院发布了《国务院关于取消一批职业资格许可和认定事项的决定》（国发〔2016〕68 号），取消了肉品品质检验人员职业资格认定，将肉品品质检验人员资格纳入兽医卫生检验人员资格统一实施。

五、对检验设备、消毒设施、污染防治设施条件的规定

生猪定点屠宰厂（场）应当有符合国家规定要求的检验设备、消毒设施以及符合环境保护要求的污染防治设施。

关于检验设备。生猪定点屠宰厂（场）应根据肉品品质检验规程和有关规定的要求，配备必要的检验设备，确保检验工作能正常开展。

关于消毒设施。生猪定点屠宰厂（场）根据清洗消毒要求，应配备清洗消毒机、泡沫机、消毒池、消毒通道、专用消毒车辆等消毒设施设备，有条件的可以建设洗消中心，保障日常消毒和定期消毒工作的实施。

关于污染防治设施。根据《中华人民共和国环境保护法》（以下简称《环境保护法》）第四十九条的规定，从事畜禽养殖和屠宰的单位和个人应当采取措施，对畜禽粪便、尸体和污水等废弃物进行科学处置，防止污染环境。生猪定点屠宰厂（场）在建设过程中要按照生态环境部门要求开展环境评估，建设配备能达到《肉类加工工业水污染物排放标准》(GB 13457)和《恶臭污染物排放标准》（GB 14554）等国家和地方污染物排放标准要求的污染防治设施，并依法取得生态环境部门颁发的排污许可证明。

六、对无害化处理条件的规定

生猪定点屠宰厂（场）应当有病害生猪及生猪产品无害化处理设施或者无害化处理委托协议。

《动物防疫法》第五十七条第一款规定，从事动物饲养、屠宰、经营、隔离以及动物产品生产、经营、加工、贮藏等活动的单位和个人，应当按

照国家有关规定做好病死动物、病害动物产品的无害化处理，或者委托动物和动物产品无害化处理场所处理。对于待宰、屠宰过程中经检疫检验不合格的生猪及其产品，生猪定点屠宰厂（场）要按要求进行无害化处理，配备病害生猪及生猪产品专用的轨道及密闭不漏水的专用容器、运输工具和符合规定的病害生猪及生猪产品化制、焚烧等无害化处理设施设备，设施设备应当符合《病死及病害动物无害化处理技术规范》规定的技术条件。

近几年来，随着社会发展和工作需要，各地都加大投入力度，强化了病死动物及其产品无害化处理场所的建设，建设了一批区域性的病死动物及其产品无害化处理中心，来承担病死动物及其产品的无害化处理工作。按照屠宰环节病害生猪及生猪产品无害化处理的要求，生猪屠宰厂（场）也可以不再建设病害生猪及生猪产品无害化处理设施，通过与病死动物及其产品无害化处理中心签订无害化处理委托协议，委托病死动物及其产品无害化处理中心对病害生猪及生猪产品进行无害化处理，保障有病害生猪及生猪产品按照规定进行无害化处理，严防病害肉上市，确保生猪产品质量安全。

七、对动物防疫条件的规定

生猪定点屠宰厂（场）应当依法取得动物防疫条件合格证。《动物防疫法》第二十五条规定，"开办动物饲养场和隔离场所、动物屠宰加工场所以及动物和动物产品无害化处理场所，应当向县级以上地方人民政府农业农村主管部门提出申请，并附具相关材料。受理申请的农业农村主管部门应当依照本法和《行政许可法》的规定进行审查。经审查合格的，发给动物防疫条件合格证；不合格的，应当通知申请人并说明理由。"

第十二条 生猪定点屠宰厂（场）屠宰的生猪，应当依法经动物卫生监督机构检疫合格，并附有检疫证明。

【理解与适用】本条是关于屠宰的生猪应当经检疫合格并附有检疫证明的规定。

本条与《动物防疫法》的规定衔接一致。

一、进入屠宰厂（场）的生猪应当依法经动物卫生监督机构检疫合格

生猪定点屠宰厂（场）应当屠宰检疫合格的生猪，既是本条例规定，也是《动物防疫法》的法定要求。《动物防疫法》第二十九条规定，禁止屠宰、经营、运输依法应当检疫而未经检疫或者检疫不合格的动物。生猪定点屠宰厂（场）应当严格把好生猪入厂（场）关，通过建立机制落实责任，确保其屠宰的生猪依法经动物卫生监督机构检疫合格。此规定旨在严格控制感染或可能感染动物疫病的生猪的移动和屠宰、经营等行为，以防止依法应当检疫而未经检疫或者检疫不合格的生猪进入生猪定点屠宰厂（场），有效防止动物疫病的进一步传播扩散。生猪定点屠宰厂（场）屠宰依法应当检疫而未经检疫或者检疫不合格的生猪的违法行为，应当依照《动物防疫法》第九十七条的规定进行处罚。

二、进入屠宰厂（场）的生猪应当附有检疫证明

《动物防疫法》第五十一条规定，屠宰、经营、运输的动物，应当附有检疫证明。即检疫证明是屠宰的生猪经检疫合格的唯一法律凭证，没有检疫证明的生猪，不得屠宰。对屠宰未附有检疫证明的生猪的违法行为，《动物防疫法》第一百条设定了相应的法律责任。

第十三条 生猪定点屠宰厂（场）应当建立生猪进厂（场）查验登记制度。

生猪定点屠宰厂（场）应当依法查验检疫证明等文件，利用信息化手段核实相关信息，如实记录屠宰生猪的来源、数量、检疫证明号和供货者名称、地址、联系方式等内容，并保存相关凭证。发现伪造、变造检疫证明的，应当及时报告农业农村主管部门。发生动物疫情时，还应当查验、记录运输车辆基本情况。记录、凭证保存期限不得少于2年。

生猪定点屠宰厂（场）接受委托屠宰的，应当与委托人签订委托屠宰协议，明确生猪产品质量安全责任。委托屠宰协议自协议期满后保存期限不得少于2年。

【理解与适用】本条是关于生猪进厂（场）查验登记制度的规定。

为了保证肉品质量，依照《食品安全法》第五十条关于食品生产者采购食品原料、食品添加剂、食品相关产品，应当查验供货者的许可证和产品合格证明等规定，本条细化了进厂（场）查验登记制度，要求生猪定点屠宰厂（场）在生猪入厂（场）时查验登记检疫证明等信息，严防未经检疫生猪进入生猪定点屠宰厂（场），实行生猪屠宰质量安全追溯制度，加强屠宰环节质量安全监管。为强化屠宰环节疫情防控风险排查，有效防范非洲猪瘟等动物疫情通过调运进一步扩散蔓延，规定在发生动物疫情时，要对运输车辆的基本情况进行查验、记录，确保生猪运输"可追溯"，满足动物疫病防控和追溯的实际需要。同时，对委托屠宰作了规范。

一、生猪进厂（场）查验登记制度

本条第一款规定，生猪定点屠宰厂（场）应当建立生猪进厂（场）查验登记制度。生猪进厂（场）查验登记制度，作为生猪屠宰管理的一项基本要求，目的就是加强生猪进厂（场）管理，强化源头管理，把住生猪产品生产的第一关口。

生猪定点屠宰厂（场）对其生产的生猪产品质量安全负责，其生猪产品质量安全与否与生猪质量安全息息相关。生猪定点屠宰厂（场）应按照本条例要求建立生猪进厂（场）查验登记制度，并明确专人负责生猪进厂（场）查验登记制度的落实。生猪定点屠宰厂（场）的兽医卫生检验人员是生猪进场查验登记的第一责任人，应当按照有关规定，对进厂（场）生猪进行检查、验收，如实填写进厂（场）查验登记记录，并保存相关凭证。生猪进厂（场）查验登记制度应当规定验收流程、查验要求、不合格生猪的处理和进厂（场）登记记录等内容。进厂（场）查验合格的生猪，可以入厂（场）进行屠宰；查验不合格的生猪，按照法律法规和国家有关规定处理。

二、生猪进厂（场）查验登记制度的内容

本条第二款详细规定了生猪进厂（场）查验登记制度的具体内容。

1. 查验　生猪定点屠宰厂（场）应当依法查验检疫证明等文件。依

法对检疫证明等文件进行查验是与《动物防疫法》及配套规章的有效衔接。按照《动物防疫法》《动物检疫管理办法》《生猪产地检疫规程》的要求，实施检疫的官方兽医采用法定的检疫程序和方法，依照法定的检疫对象和检疫标准，对动物、动物产品进行疫病检查、定性和处理。检疫合格的出具检疫证明。生猪凭检疫合格证明进行运输，进入屠宰厂（场）接受兽医卫生检验人员查验。

2. 核实 生猪定点屠宰厂（场）应当利用信息化手段核实检疫证明等文件的相关信息。兽医卫生检验人员在查验检疫证明等文件时，可利用手机终端、电脑终端、平板电脑等现代化设备和信息化手段通过互联网等核实相关信息的真实性。农业农村主管部门要为生猪定点屠宰厂（场）利用信息化手段核查提供必要的便利条件。

如果在核查过程中发现伪造、变造检疫证明的，应当及时报告农业农村主管部门。伪造、变造检疫证明是违法行为，使用伪造、变造的检疫证明，有可能运输的生猪未经检疫，也可能存在从疫区偷运生猪或者运输的生猪存在疫病风险，或非法添加违法物质等违法情形，导致不敢去申报检疫。《动物防疫法》第一百零三条规定，转让、伪造或者变造检疫证明、检疫标志或者畜禽标识的，由县级以上地方人民政府农业农村主管部门没收违法所得和检疫证明、检疫标志、畜禽标识，并处五千元以上五万元以下罚款。持有、使用伪造或者变造的检疫证明、检疫标志或者畜禽标识的，由县级以上人民政府农业农村主管部门没收检疫证明、检疫标志、畜禽标识和对应的动物、动物产品，并处三千元以上三万元以下罚款。

3. 记录 生猪定点屠宰厂（场）应当如实记录屠宰生猪的来源、数量、检疫证明号和供货者名称、地址、联系方式等内容。生猪定点屠宰厂（场）的入厂检验人员依法查验检疫证明等文件，查验临床是否健康，证物是否相符，畜禽标识是否佩戴齐全。查验合格的，监督卸车待宰，同时要按照要求填写生猪进厂（场）查验登记等相关记录，详细记录生猪进厂（场）时间、生猪产地来源、检疫证明编号、供货单位或供货人员姓名、联系电话、进厂（场）验收情况、进厂（场）数量、查验情况、人员签字等内容。

4. 保存 生猪定点屠宰厂（场）应当保存查验登记的相关凭证。检疫证明由驻场官方兽医回收，按照要求上交动物卫生监督机构，按要求时限保存。生猪进厂（场）情况、运输车辆基本情况等记录和相关凭证由生猪定点屠宰厂（场）保存，保存期限不少于 2 年，以便出现生猪产品质量安全问题时需要进行追踪溯源。

5. 发生动物疫情时的特殊规定　发生动物疫情时，生猪定点屠宰厂（场）还应当查验、记录运输车辆基本情况。记录、凭证保存期限不得少于 2 年。

此款要求生猪定点屠宰厂（场）完善生猪屠宰环节的疫病防控制度，落实生猪定点屠宰厂（场）的疫病防控主体责任，发生动物疫情时，应按照农业农村部的规定，做好疫情排查和报告，并查验、记录运输车辆基本情况。《动物防疫法》第五十二条第三款规定，从事动物运输的单位、个人以及车辆，应当向所在地县级人民政府农业农村主管部门备案，妥善保存行程路线和托运人提供的动物名称、检疫证明编号、数量等信息。具体办法由国务院农业农村主管部门制定。因此，发生动物疫情时，生猪定点屠宰厂（场）应当严格查验、记录运输车辆的基本情况，如生猪运输车辆是否备案、车辆行程路线等信息。

三、委托屠宰的管理规定

本条第三款规定生猪定点屠宰厂（场）接受委托屠宰的管理要求。

我国生猪定点屠宰厂（场）的屠宰模式分为两种。一种是自营，生猪定点屠宰厂（场）采取买猪（养猪）—定点屠宰—卖肉的自营模式。另一种是委托屠宰，即代宰，由于我国实行生猪定点屠宰制度，很多生猪或猪肉经营者没有定点屠宰资格，不能自行屠宰，必须委托合法的生猪定点屠宰厂（场）屠宰。委托屠宰就是指生猪定点屠宰厂（场）接受代宰户的委托，对代宰户的生猪进行屠宰的行为。

我国生猪定点屠宰厂（场）的经营模式中，委托屠宰占很大比例。生猪代宰在提高屠宰行业集中度、加强检疫监督、提升屠宰环节肉品质量安全等方面发挥了积极作用，但也存在一些问题。一是落实质量安全主体责任难。委托人和生猪定点屠宰厂（场）之间缺乏有效的肉品质量安全责任约束，一旦出现质量安全事件，委托人和生猪定点屠宰厂（场）相互推诿扯皮、推卸责任。二是肉品质量把关不严。生猪定点屠宰厂（场）作为受托方仅提供代宰服务、收取少量代宰费用，对生猪产品质量安全控制的积极性不高。在屠宰行业利润低、竞争激烈的大环境下，大部分代宰经营的屠宰厂（场）往往通过减少在肉品质量安全控制方面的投入来降低代宰成本，以赢得客户。

考虑到生猪及屠宰后的生猪产品所有权仍属于委托方，所有权并没有发生转移，但生猪定点屠宰厂（场）有义务保证委托屠宰的生猪没有食品安全风险。屠宰前要查验生猪的检疫证明等文件，如实记录屠宰生猪的来源、数量、检疫证明号等。生猪定点屠宰厂（场）接受委托后，屠宰过程中要执行生猪屠宰质量管理规范，同步实施肉品品质检验。履行保障屠宰后生猪产品质量安全的义务，对经检疫不合格或者肉品品质检验不合格的生猪产品，不得出厂。为了规范委托屠宰行为，本条例从两个方面着手进行规范：一是明确要求生猪定点屠宰厂（场）应与委托者签订委托屠宰协议，明确生猪产品质量安全责任。二是规范生猪定点屠宰厂（场）的屠宰流程，对屠宰检疫、肉品品质检验行为提出要求。明确生猪产品存在质量安全问题时，生猪定点屠宰厂（场）要通知委托者召回已销售的产品。委托者拒不执行召回规定的，承担法律责任。

第十四条 生猪定点屠宰厂（场）屠宰生猪，应当遵守国家规定的操作规程、技术要求和生猪屠宰质量管理规范，并严格执行消毒技术规范。发生动物疫情时，应当按照国务院农业农村主管部门的规定，开展动物疫病检测，做好动物疫情排查和报告。

【理解与适用】本条是关于生猪定点屠宰厂（场）屠宰生猪的规定。

本条是在原条例第十一条的基础上，增加了遵守生猪屠宰质量管理规范和发生动物疫情时应当按照国务院农业农村主管部门的规定，开展动物疫病检测，做好动物疫情排查和报告等两项要求，目的是严格执行屠宰相关技术规范和标准，保障生猪产品质量安全；加强动物疫病防控，严防疫情传播。

一、国家规定的操作规程、技术要求和生猪屠宰质量管理规范

国家规定的操作规程，是指我国发布的有关屠宰操作的国家标准和农业农村部等制定发布的有关规范性文件等，包括《畜禽屠宰操作规程 生猪》（GB/T 17236）等。《畜禽屠宰操作规程 生猪》是生猪定点屠宰厂（场）屠宰生猪遵循的技术规范，是农业农村主管部门监督执法的重要依据。

国家规定的技术要求，是指我国发布的与屠宰相关的强制性国家标准和农业农村部等制定发布的有关规范性文件和公告等，包括《食品安全国家标准 畜禽屠宰加工卫生规范》（GB 12694）等。

生猪屠宰质量管理规范是为了规范生猪屠宰生产行为，对生猪屠宰活动实施全过程质量管理。生猪屠宰全过程的质量管理，即对生猪定点屠宰厂（场）的机构、人员与硬件，和从生猪进厂、屠宰、生猪产品出厂的全过程，以及生猪定点屠宰厂（场）质量管理制度建设等方面进行系统的规范，从而达到保障生猪产品质量安全的目的。

国家规定的操作规程、技术要求和生猪屠宰质量管理规范是生猪屠宰厂（场）应遵循的根本要求，是生猪屠宰质量安全的重要保障。生猪定点屠宰厂（场）必须按照国家规定的操作规程、技术要求和生猪屠宰质量管理规范要求，从事生猪屠宰活动，确保生猪产品质量安全。

二、消毒技术规范

生猪定点屠宰厂（场）严格执行消毒技术规范，是落实动物防疫主体责任和传染病防治义务的重要措施。《动物防疫法》第七条规定，从事动物屠宰的单位和个人，依照本法和国务院农业农村主管部门的规定，做好免疫、消毒、检测、隔离、净化、消灭、无害化处理等动物防疫工作，承担动物防疫相关责任。2018年发现的非洲猪瘟疫情和2019年底出现的新型冠状病毒肺炎疫情，均提示我们生猪屠宰行业是防范疫情传播风险的重要环节，清洗消毒工作是各种防疫措施的重中之重。因此，在总结非洲猪瘟和新型冠状病毒肺炎疫情防控工作经验的基础上，本条例特别明确了生猪定点屠宰厂（场）应当严格执行消毒技术规范。为了指导各屠宰企业做好消毒工作，农业农村部发布了《畜禽屠宰企业消毒规范》（NY/T 3384），规范了屠宰厂不同环节和不同场所的消毒操作。

三、动物疫病检测、动物疫情排查和报告

《动物防疫法》第七条规定，从事动物饲养、屠宰、经营、隔离、运输以及动物产品生产、经营、加工、贮藏等活动的单位和个人，依照本法和国务院农业农村主管部门的规定，做好免疫、消毒、检测、隔离、净化、消灭、无害化处理等动物防疫工作，承担动物防疫相关责任。2018年我国首次发现非洲猪瘟疫情，为降低生猪屠宰以及生猪产品流通环节病毒扩散风险，切实保障生猪产业健康发展，农业农村部发布第119号公告，要求在非洲猪瘟防控期间，屠宰企业严格按照有关规定，严把入场关，严格落实生猪待宰、临床巡检、屠宰检验检疫等制度，严格做好非洲猪瘟排查、检测及疫情报告工作，并主动接受监督检查，认真开展非洲猪瘟自检工作。在总结非洲猪瘟防控工作经验的基础上，为了切断动物疫病传播途径，保障公共卫生安全，实现对养殖环节的追溯，建立养殖环节落实动物疫病防控主体责任的倒逼机制，本条例进一步完善了屠宰环节的动物疫病防控措施，明确了在发生动物疫情时，生猪定点屠宰厂（场）应当按照国务院农业农村主管部门的规定，开展动物疫病检测；按照《动物防疫法》和相关技术规范要求，开展疫情排查工作；发现染疫或疑似染疫的，应当立即向所在地农业农村主管部门或者动物疫病预防控制机构报告，并迅速采取隔离等控制措施，防止疫情扩散，保障生猪产品质量安全。

第十五条 生猪定点屠宰厂（场）应当建立严格的肉品品质检验管理制度。肉品品质检验应当遵守生猪屠宰肉品品质检验规程，与生猪屠宰同步进行，并如实记录检验结果。检验结果记录保存期限不得少于2年。

经肉品品质检验合格的生猪产品，生猪定点屠宰厂（场）应当加盖肉品品质检验合格验讫印章，附具肉品品质检验合格证。未经肉品品质检验或者经肉品品质检验不合格的生猪产品，不得出厂（场）。经检验不合格的生猪产品，应当在兽医卫生检验人员的监督下，按照国家有关规定处理，并如实记录处理情况；处理情况记录保存期限不得少于2年。

生猪屠宰肉品品质检验规程由国务院农业农村主管部门制定。

【理解与适用】 本条是关于肉品品质检验管理制度的规定。

肉品品质检验制度是 1997 年《条例》第一次颁布施行的时候就确立的制度，是生猪屠宰质量安全保障的一项基本制度。生猪屠宰肉品品质检验制度包括以下几个方面。

一、生猪屠宰肉品品质检验规程的制定

生猪屠宰肉品品质检验规程由国务院农业农村主管部门制定，主要检验内容包括生猪健康状况、传染性疾病和寄生虫病以外的疾病、注水或者注入其他物质、有害物质、有害腺体、白肌肉（PSE 肉）或黑干肉（DFD 肉）、种猪及晚阉猪以及国家规定的其他检验项目。

二、生猪屠宰肉品品质检验的实施

1. 同步检验　肉品品质检验由生猪定点屠宰厂（场）兽医卫生检验人员实施，与生猪屠宰同步进行，包括宰前检验和宰后检验。同步检验是指与屠宰操作相对应，将猪的头、蹄、内脏与胴体生产线同步运行，由检验人员对照检验和综合判断的一种检验方法。

2. 检验结果处理　主要包括两方面：一方面是合格生猪产品的处理。经肉品品质检验合格的生猪产品，生猪定点屠宰厂（场）应当加盖肉品品质检验合格验讫印章，附具肉品品质检验合格证。生猪定点屠宰厂（场）屠宰的种猪和晚阉猪，应当在胴体和肉品品质检验合格证上标明相关信息。另一方面是不合格生猪产品的处理。经肉品品质检验不合格的生猪产品，不得出厂（场），应当在兽医卫生检验人员的监督下，按照《病死及病害动物无害化处理技术规范》等有关规定处理。但根据本条例第十一条第六项规定，委托进行无害化处理的除外。

3. 检验结果记录　应如实记录肉品品质检验结果。检验结果记录保存期限不得少于 2 年。同时，应如实记录经肉品品质检验不合格的生猪产品处理情况，处理情况记录保存期限也不得少于 2 年。

第十六条　生猪屠宰的检疫及其监督，依照动物防疫法和国务院的有关规定执行。县级以上地方人民政府按照本级政府职责，将生猪、生猪产品的检疫和监督管理所需经费纳入本级预算。

　　县级以上地方人民政府农业农村主管部门应当按照规定足额配备农业农村主管部门任命的兽医，由其监督生猪定点屠宰厂（场）依法查验检疫证明等文件。

　　农业农村主管部门任命的兽医对屠宰的生猪实施检疫。检疫合格的，出具检疫证明、加施检疫标志，并在检疫证明、检疫标志上签字或者盖章，对检疫结论负责。未经检疫或者经检疫不合格的生猪产品，不得出厂（场）。经检疫不合格的生猪及生猪产品，应当在农业农村主管部门的监督下，按照国家有关规定处理。

　　【理解与适用】本条是关于生猪屠宰检疫及其监督的规定。

　　本条是在原条例第九条的基础上进行的补充和完善，主要增加了地方人民政府的保障职责，落实官方兽医派驻制度的具体规定，以及对屠宰的生猪实施检疫后的处理，并对《动物防疫法》的规定进行了进一步衔接和细化。

一、生猪屠宰的检疫及其监督

　　本条第一款中规定："生猪屠宰的检疫及其监督，依照动物防疫法和国务院的有关规定执行。"《动物防疫法》第四十八条第一款规定"动物卫生监督机构依照本法和国务院农业农村主管部门的规定对动物、动物产品实施检疫"。该法第七十四条规定："县级以上地方人民政府农业农村主管部门依照本法规定，对动物饲养、屠宰、经营、隔离、运输以及动物产品生产、经营、加工、贮藏、运输等活动中的动物防疫实施监督管理。"即动物卫生监督机构对屠宰的生猪实施检疫时，以及农业农村主管部门对生猪屠宰活动中的动物防疫实施监督管理时，要依法依规进行，应当依照《动物防疫法》、国务院和国务院农业农村主管部门的规定实施检疫及其监督。

　　本条第一款同时规定："县级以上地方人民政府按照本级政府职责，将生猪、生猪产品检疫和监督管理所需经费纳入本级预算。"动物防疫工作是各级人民政府的一项重要的公共服务职能，事关养殖业生产安全、动物源性食品安全、公共卫生安全和生态安全，更事关经济社会的稳定和发展。生猪、生猪产品检疫和监督管理是动物防疫工作的重要组成部分，由于其具有公益属性，只有得到公共财政资金保障，才能顺利正常开展。《动物防疫法》第八十三条规定："县级以上人民政府按照本级政府职责，将动物疫病的监测、预防、控制、净化、消灭，动物、动物产品的检疫和病死动物的无害化处理，以及监督管理所需经费纳入本级预算"。依据《动物防疫法》第十一条，动物卫生监督机构由县级以上地方人民政府设立，因此，动物、动物产品检疫属于地方人民政府的职责。《国务院办公厅关于加强非洲猪瘟防控工作的意见》（国办发〔2019〕31号）、《国务院办公厅关于促进畜牧业高质量发展的意见》（国办发〔2020〕31号）中也分别要求县级以上地方人民政府建立健全动物卫生监督机构，保障检疫、监督等动物防疫工作经费，落实地方各级人民政府防疫属地管理责任。因此，本条例在《动物防疫法》和国务院有关规定的基础上，进一步明确生猪、生猪产品检疫和监督管理所需经费应当纳入县级以上地方人民政府本级预算。

二、县级以上地方人民政府足额配备农业农村主管部门任命的兽医

本条第二款规定："县级以上地方人民政府农业农村主管部门应当按照规定足额配备农业农村主管部门任命的兽医，由其监督生猪定点屠宰厂（场）依法查验检疫证明等文件。"《动物防疫法》第六十六条明确国家实行官方兽医任命制度，规定官方兽医应当具备国务院农业农村主管部门规定的条件，由省、自治区、直辖市人民政府农业农村主管部门按照程序确认，由所在地县级以上人民政府农业农村主管部门任命。具备规定条件、按照程序确认是前提，核心是任命。本条中农业农村主管部门任命的兽医，即《动物防疫法》中的官方兽医。2019年6月，《国务院办公厅关于加强非洲猪瘟防控工作的意见》（国办发〔2019〕31号）对官方兽医配备人数以及检疫证明的监督查验等作出明确规定，要求各地要在生猪屠宰厂（场）足额配备官方兽医，大型、中小型生猪屠宰厂（场）和小型生猪屠宰点分别配备不少于10人、5人和2人，工作经费由地方财政解决。《动物防疫法》第八十一条第一款规定，县级人民政府应当为动物卫生监督机构配备与动物、动物产品检疫工作相适应的官方兽医，保障检疫工作条

件。本条例在此基础上，将"足额配备"的要求写入法规，进一步明确了对官方兽医的保障要求。

本条例明确了农业农村主管部门任命的兽医在生猪定点屠宰厂（场）的一项职责就是监督生猪定点屠宰厂（场）依法查验检疫证明等文件。生猪定点屠宰厂（场）查验进厂（场）生猪的检疫证明，是其履行动物防疫主体责任和产品质量安全主体责任的重要体现。农业农村主管部门任命的兽医监督生猪定点屠宰厂（场）依法查验检疫证明等文件，是督促生猪定点屠宰厂（场）落实主体责任，防控重大动物疫情，保障生猪产品质量安全的有效方式。

三、生猪屠宰检疫的实施主体及检疫结果处理

本条第三款中规定："农业农村主管部门任命的兽医对屠宰的生猪实施检疫。检疫合格的，出具检疫证明、加施检疫标志，并在检疫证明、检疫标志上签字或者盖章，对检疫结论负责。"此规定也是《动物防疫法》的法定要求。《动物防疫法》第四十八条第二款规定："动物卫生监督机构的官方兽医具体实施动物、动物产品检疫"。该法第四十九条第二款规定："动物卫生监督机构接到检疫申报后，应当及时指派官方兽医对动物、动物产品实施检疫；检疫合格的，出具检疫证明、加施检疫标志。实施检疫的官方兽医应当在检疫证明、检疫标志上签字或者盖章，并对检疫结论负责。"《动物防疫法》的相关规定明确了动物卫生监督机构是动物和动物产品检疫的法定实施主体，动物卫生监督机构的官方兽医具体实施检疫。

本条第三款中规定："未经检疫或者检疫不合格的生猪产品，不得出厂（场）。经检疫不合格的生猪产品，应当在农业农村主管部门的监督下，按照国家有关规定进行处理"，与《动物防疫法》的规定保持一致。《动物防疫法》第二十九条规定，禁止生产、经营、加工、贮藏、运输依法应当检疫而未经检疫或者检疫不合格的动物产品。该法第五十六条规定，经检疫不合格的动物、动物产品，货主应当在农业农村主管部门的监督下按照国家有关规定处理，处理费用由货主承担。对于生猪定点屠宰厂（场）出厂（场）未经检疫或者检疫不合格的生猪产品的违法行为，《动物防疫法》第九十七条设定了相应的法律责任。对于生猪定点屠宰厂（场）出厂（场）销售经检疫不合格的生猪产品，根据《最高人民法院、最高人民检

察院关于办理危害食品安全刑事案件适用法律若干问题的解释》第一条第二项的规定，属于病死、死因不明或者检验检疫不合格的畜、禽、兽、水产动物及其肉类、肉类制品的，应当认定为《刑法》第一百四十三条规定的"足以造成严重食物中毒事故或者其他严重食源性疾病"，按"生产、销售不符合安全标准的食品罪"论处。需要特别说明的是，未经检疫或者经检疫不合格的生猪产品不得出厂（场），但按照本条例第十一条第六项规定，委托进行无害化处理的除外。

第十七条　生猪定点屠宰厂（场）应当建立生猪产品出厂（场）记录制度，如实记录出厂（场）生猪产品的名称、规格、数量、检疫证明号、肉品品质检验合格证号、屠宰日期、出厂（场）日期以及购货者名称、地址、联系方式等内容，并保存相关凭证。记录、凭证保存期限不得少于2年。

【理解与适用】本条是关于生猪产品出厂（场）记录制度的规定。

本条是对原条例第十二条的修改补充和完善，主要将原条例的记录生猪产品流向修改为建立生猪产品出厂（场）记录制度，并明确了记录内容，是进一步健全生猪屠宰全过程管理，强化生猪定点屠宰厂（场）生猪产品质量安全责任的体现。

生猪产品出厂（场）记录制度，是生猪定点屠宰厂（场）管理的一项基本制度要求，其目的是为了加强生猪产品出厂（场）管理。生猪产品出厂（场）记录制度，应当规定生猪产品出厂（场）记录的内容、填写规范、责任人员、记录保存等要求。本条明确了生猪产品出厂（场）记录的内容，应当包括但不限于产品名称、规格、数量、检疫证明号、肉品品质检验合格证号、屠宰日期、出厂（场）日期以及购货者名称、地址、联系方式等内容。生猪产品出厂（场）记录是生猪产品离开生猪定点屠宰厂（场）留下的书面记录，是整个生猪屠宰活动的完整记录的一部分，是衔接生猪来源、入厂（场）查验、屠宰检疫和肉品品质检验等情况的记录，是生猪产品质量追溯的重要组成部分，确保生猪产品去向可查。

　　第十八条　生猪定点屠宰厂（场）对其生产的生猪产品质量安全负责，发现其生产的生猪产品不符合食品安全标准、有证据证明可能危害人体健康、染疫或者疑似染疫的，应当立即停止屠宰，报告农业农村主管部门，通知销售者或者委托人，召回已经销售的生猪产品，并记录通知和召回情况。

　　生猪定点屠宰厂（场）应当对召回的生猪产品采取无害化处理等措施，防止其再次流入市场。

　　【理解与适用】本条是关于生猪定点屠宰厂（场）产品质量安全主体责任和召回制度的规定。

一、生猪定点屠宰厂（场）对其生产的生猪产品质量安全负责

　　本条规定体现了生猪定点屠宰厂（场）是肉品质量安全的第一责任人。目前，我国生猪屠宰行业主要有委托屠宰和自营屠宰两种经营方式，其中委托屠宰仍占很大比例，即通常所说的代宰。委托屠宰的生猪及屠宰后的生猪产品所有权没有发生转移，仍属于委托方。一直以来，我国生猪委托代宰户数量众多、流动性大，且缺少准入门槛、尚无有效的管理制度，一旦出现质量安全事件，委托人和生猪定点屠宰厂（场）容易出现相互推诿扯皮、推卸责任的情况，难以全面落实产品质量安全主体责任。考虑到现有生猪屠宰肉品品质检验，生猪定点屠宰厂（场）收取代宰费用，其聘用的人员实施肉品品质检验，并加盖肉品品质检验合格验讫印章，附具肉品品质检验合格证，生猪定点屠宰厂（场）承担一部分产品质量安全主体责任是合理的。因此，不同于《食品安全法实施条例》中委托方对委托生产的食品的安全负责，受托方对生产行为负责，本条例在综合实践后，明确规定生猪定点屠宰厂（场）对其生产的生猪产品质量安全负责，并由其对问题生猪产品实施召回。生猪定点屠宰厂（场）召回生猪产品后，可以根据签订的委托屠宰协议，要求委托代宰户承担相应责任，便于厘清各方责任。

二、生猪产品召回

　　对已经销售的生猪产品召回，主要可分为主动发现召回、被动发现召

回和强制召回等方式。主动发现召回，即生猪定点屠宰厂（场）发现其生产的生猪产品出现不符合食品安全标准、有证据证明可能危害人体健康或者染疫、疑似染疫等产品质量安全问题时，主动向农业农村主管部门报告并召回产品。被动发现召回，即农业农村主管部门通过监督检查、行政执法、监测检测等途径，或消费者通过投诉举报等方式，告知生猪定点屠宰厂（场）生产的生猪产品存在不符合食品安全标准、有证据证明可能危害人体健康或者染疫、疑似染疫等产品质量安全问题并经核实，生猪定点屠宰厂（场）向农业农村主管部门报告并召回产品。强制召回，即生猪定点屠宰厂（场）依照本条例规定应当召回生猪产品而未实施召回时，由农业农村主管部门责令其召回。

本条规定明确了生猪定点屠宰厂（场）对生猪产品实施召回的情形和程序等内容。生猪定点屠宰厂（场）发现其生产的生猪产品出现产品质量安全问题时，需要对已经销售的生猪产品实施召回，召回的情形主要有三类：一是发现生产的生猪产品不符合食品安全标准的，二是发现生产的生猪产品有证据证明可能危害人体健康的，三是发现生产的生猪产品染疫、疑似染疫的。

生猪定点屠宰厂（场）启动召回时，应按照停止屠宰、报告农业农村主管部门、通知销售者或委托人、召回已销售生猪产品、记录通知和召回情况、对召回产品进行处理的程序进行。停止屠宰，确定问题生猪产品批次和范围，有助于防止问题产品进一步扩散到更大范围，将企业损失降到最低。报告农业农村主管部门，让主管部门第一时间掌握情况，跟踪发展动态，有助于主管部门在必要时采取风险预警或提示，以及采取相应的控制措施，避免发生严重的产品质量安全事故或者造成动物疫情传播。根据确定的问题生猪产品批次和销售情况，生猪定点屠宰厂（场）应通知相应的销售者或委托人，对已经销售的生猪产品实施召回。生猪定点屠宰厂（场）应建立召回记录，记录召回的产品名称、批次、规格、数量、发生召回的原因、后续整改方案及召回处理情况等内容。

三、召回生猪产品的处理

生猪定点屠宰厂（场）应按照《病死及病害动物无害化处理技术规范》等有关规定，对召回的生猪产品进行无害化处理，防止其再次流入市场。

第十九条 生猪定点屠宰厂（场）对病害生猪及生猪产品进行无害化处理的费用和损失，由地方各级人民政府结合本地实际予以适当补贴。

【理解与适用】本条是关于病害生猪及生猪产品无害化处理的费用和损失补助的规定。

病害生猪及生猪产品，是指屠宰前确认为国家规定的病害生猪、病死或死因不明的生猪，屠宰过程中经检疫或肉品品质检验确认为不可食用的生猪产品，以及国家规定的其他应当进行无害化处理的生猪及生猪产品。生猪定点屠宰厂（场）是屠宰环节病害生猪及生猪产品无害化处理的第一责任人。对病害生猪及生猪产品实施无害化处理，是保障百姓生猪产品消费质量安全的重要环节，为提高责任主体积极性，有效杜绝病害生猪及生猪产品进入流通、加工等领域，需要地方各级政府予以适当的引导、鼓励和支持。2016 年 5 月，农业部办公厅、财政部办公厅联合印发《关于做好 2016 年现代农业生产发展等项目实施工作的通知》（农办财〔2016〕40号），明确"中央财政用于屠宰环节病害猪无害化处理的相关资金已并入中央对地方的一般转移支付"。2016 年 6 月，财政部印发《关于拨付 2016年动物防疫补助经费的通知》（财农〔2016〕58 号），明确从 2016 年开始，中央财政不再安排原列入"固定数额补助"的屠宰环节病害猪无害化处理补贴资金，相关工作由地方统筹包括均衡性转移支付在内的自有财政予以保障。2017 年 4 月，财政部、农业部联合印发《动物防疫等补助经费管理办法》（财农〔2017〕43 号），将《屠宰环节病害猪无害化处理财政补贴资金管理暂行办法》（财建〔2007〕608 号）和《财政部关于调整生猪屠宰环节病害猪无害化处理补贴标准的通知》（财建〔2011〕599 号）废止。因此，本条例将补贴的主体由"国家财政"调整为"地方各级人民政府"，规定生猪定点屠宰厂（场）对病害生猪及生猪产品进行无害化处理后，地方各级人民政府应当结合本地实际情况，对无害化处理的费用和损失予以适当补贴。地方各级农业农村主管部门应当积极协调地方财政部门，推动地方人民政府将病害生猪及生猪产品无害化处理补贴政策落实到位，结合本地区生猪屠宰实际，出台本地屠宰环节病害生猪及生猪产品无害化处理费用和损失补贴的标准。

　　第二十条　严禁生猪定点屠宰厂（场）以及其他任何单位和个人对生猪、生猪产品注水或者注入其他物质。

　　严禁生猪定点屠宰厂（场）屠宰注水或者注入其他物质的生猪。

　　【理解与适用】本条是关于对生猪、生猪产品注水或者注入其他物质，以及屠宰注水或者注入其他物质的生猪的禁止性规定。

　　通过给生猪、生猪产品注水或者注入其他物质，以增加肉的重量，达到牟取暴利的目的，是近年来生猪屠宰环节典型的违法问题。注水或者注入其他物质将严重影响生猪产品的质量。一是降低肉的品质。通过非正常途径注入的水进入动物机体后会引起机体的体细胞膨胀性破裂，导致蛋白质流失多。肉中的生化内环境及酶生化系统遭到不同程度的破坏，使肉的尸僵成熟过程延缓，从而降低肉的品质。二是易造成污染。注入的水质由于卫生状况不明，可能含有杂质、病原微生物等，加上操作过程中缺乏消毒手段，极易造成污染和变质。病原微生物污染后，会破坏肉的营养成分，还可能产生大量细菌毒素等有毒有害物质。注水的猪肉不仅影响原有的口味和营养价值，同时也加速了肉品腐败的速度，从而给人们的健康造成严重的危害。因此，严禁生猪定点屠宰厂（场）对生猪、生猪产品注水或者注入其他物质，也严禁屠宰注水或者注入其他物质的生猪。

　　本条所称的"其他物质"包括但不限于药物或者化学物质。一类是食品动物禁用的药物或者化学物质，主要包括农业部公告第176号《禁止在饲料和动物饮用水中使用的药物品种目录》《关于办理非法生产、销售、使用禁止在饲料和动物饮用水中使用的药品等刑事案件具体应用法律若干问题的解释》（法释〔2002〕26号）中的肾上腺素受体激动剂、性激素、蛋白同化激素、精神药品和各种抗生素滤渣等五类；农业农村部公告第250号《食品动物中禁止使用的药品及其他化合物清单》中的β-兴奋剂类、汞制剂、硝基呋喃类、类固醇激素、硝基咪唑类等21种（类）药品及其他化合物。另一类是食品动物中禁止使用的药物及化学物质以外的其他物质。因此，生猪定点屠宰厂（场）以及其他任何单位和个人，对生猪、生猪产品注水，视情形涉嫌构成生产、销售伪劣产品罪的，应当依据刑法第一百四十条和《最高人民检察院　公安部关于公安机关管辖的刑事案件立案追诉标准的规定（一）》（公通字〔2008〕36号）第十六条的规定追究刑事责任；对生猪、生猪产品注入"瘦肉精"等物质，涉嫌构成生产、销售有毒有害食品罪的，应当依据刑法第一百四十四条和《最高人民法院　最高人民检察院关于办理危害食品安全刑事案件适用法律若干问题的解释》（法释〔2013〕12号）第九条的规定追究刑事责任；对生猪、生猪产品注入其他物质，经检测含有严重超出标准限量的致病性微生物、农药残留、兽药残留、重金属、污染物质以及其他危害人体健康的物质，涉嫌构成生产、销售不符合安全标准的食品罪的，应当依据刑法第一百四十三条和《最高人民法院　最高人民检察院关于办理危害食品安全刑事案件适用法律若干问题的解释》（法释〔2013〕12号）第一条的规定追究刑事责任。

第二十一条　生猪定点屠宰厂（场）对未能及时出厂（场）的生猪产品，应当采取冷冻或者冷藏等必要措施予以储存。

【理解与适用】本条是关于生猪定点屠宰厂（场）对未能及时出厂（场）生猪产品储存的规定。

生猪产品由于其质量特性，经过一段时间，品质会发生变化。储存不当容易腐败变质，丧失原有的营养物质，降低或失去应有的食用价值。科学合理的贮存环境和运输条件是避免生猪产品污染和腐败变质，保障生猪产品性质稳定的重要手段。冷冻或者冷藏是保持生猪产品品质的重要措施之一。微生物的作用和酶的催化作用是引起鲜肉腐烂变质的主要原因，低温可以使上述作用减弱，从而达到阻止或延缓鲜肉腐烂变质的目的。对未能及时出厂（场）的生猪产品，采取冷冻或者冷藏等必要措施予以储存，防止生猪产品变质，是生猪定点屠宰厂（场）的义务。作为生猪产品质量安全的第一责任人，生猪定点屠宰厂（场）有义务对未及时出厂（场）的生猪产品进行储存，确保出厂（场）的生猪产品是合格、安全的。生猪定点屠宰厂（场）应按照《食品安全国家标准　畜禽屠宰加工卫生规范》（GB 12694）等要求，根据生猪产品不同的类型，采取不同的储存措施，制定相应生猪产品的储存期限，并做好相关记录，保证生猪产品的质量安全。

第二十二条　严禁任何单位和个人为未经定点违法从事生猪屠宰活动的单位和个人提供生猪屠宰场所或者生猪产品储存设施，严禁为对生猪、生猪产品注水或者注入其他物质的单位和个人提供场所。

【理解与适用】本条是关于为违法从事生猪屠宰活动的单位或者个人提供场所或储存设施的禁止性规定。

本条的禁止性行为，包括两种情形。

第一种是严禁为未经定点违法从事生猪屠宰活动的单位或者个人提供生猪屠宰场所或者生猪产品储存设施。自 1998 年 1 月 1 日《条例》正式施行至今，"定点屠宰，集中检疫"就成为我国生猪屠宰的基本管理制度。"定点"是前提，根据本条例规定，未经定点从事生猪屠宰活动是违法行为，任何单位和个人不得为该违法行为提供便利，否则应承担相应的法律责任。

第二种是严禁为对生猪、生猪产品注水或者注入其他物质的单位或者个人提供场所。对生猪、生猪产品注水或者注入其他物质是本条例禁止的违法行为，任何单位和个人不得为该违法行为提供便利，否则应承担相应的法律责任。

未经定点从事生猪屠宰活动和对生猪、生猪产品注水或者注入其他物质的行为为生猪产品质量安全带来了严重隐患，是违法行为，必须要严厉打击和惩处。而为上述提供场所或储存设施的行为，从某种程度上促成了违法行为的产生，也是违法行为，相应地将追究法律责任。本条规定可以促使相关主体提高法律责任意识，在出租或出借场地时应限定活动范围，防止违法行为产生，在发现违法行为时主动举报和制止，可以从外围源头杜绝上述违法行为。需要注意的是，本条规定的"提供"，既包括有偿提供，也包括无偿提供。

第二十三条 从事生猪产品销售、肉食品生产加工的单位和个人以及餐饮服务经营者、集中用餐单位生产经营的生猪产品，必须是生猪定点屠宰厂（场）经检疫和肉品品质检验合格的生猪产品。

【理解与适用】 本条是关于从事生猪产品销售、肉食品生产加工的单位和个人以及餐饮服务经营者、集中用餐单位义务的规定。

本条与《食品安全法》的规定衔接一致，是对原条例第十八条的修订和完善。按照《食品安全法》的规定，食品生产者采购食品原料、食品经营者采购食品，应当查验供货者的许可证和产品合格证明，餐饮服务提供者不得采购不符合食品安全标准的食品原料。我国对生猪屠宰实施定点许可制度，只有经生猪定点屠宰厂（场）屠宰，并经检疫和肉品品质检验合格的生猪产品，才是《食品安全法》规定的符合食品安全标准的生猪产品。因此，从事生猪产品销售、肉食品生产加工的单位和个人以及餐饮服务经营者、集中用餐单位生产经营的生猪产品，不得采购非生猪定点屠宰厂（场）生产的生猪产品，也不得采购未经检疫、肉品品质检验，或经检疫、肉品品质检验不合格的生猪产品。

此次修订删除了原条例第二十九条关于从事生猪产品销售、肉食品生产加工的单位和个人以及餐饮服务经营者、集体伙食单位，销售、使用非生猪定点屠宰厂（场）屠宰的生猪产品、未经肉品品质检验或者经肉品品质检验不合格的生猪产品以及注水或者注入其他物质的生猪产品的处罚条款。因此，违反本条规定的，应由市场监督管理部门按照《食品安全法》第一百二十三条和第一百二十四条的有关规定进行处罚。

特别指出的是，按照《食品安全法》，集中用餐单位主要包括学校、幼托机构、养老机构、建筑工地等。

第二十四条 地方人民政府及其有关部门不得限制外地生猪定点屠宰厂（场）经检疫和肉品品质检验合格的生猪产品进入本地市场。

【理解与适用】 本条是关于不得限制合格生猪产品流通的规定。

《行政许可法》第十五条规定，地方性法规和省、自治区、直辖市人民政府规章设定的行政许可，不得限制其他地区的个人或者企业到本地区从事生产经营和提供服务，不得限制其他地区的商品进入本地区市场。完善的市场体系，首要的是要建立公平开放透明的市场规则，清理和废除妨碍全国统一市场和公平竞争的各种规定和做法。反对地方保护，是建立公平开放透明的市场规则的重要保障和必然要求。

本条规定是为了确定统一的市场规则，降低进入市场的成本，防止地方政府利用行政许可设定权实施地方保护。生猪定点屠宰厂（场）经检疫和肉品品质检验合格的生猪产品，符合《动物防疫法》《条例》和有关食品安全的法律法规规定，无论是本地生产还是外地生产，应同等对待。地方人民政府及其有关部门不得出台规定限制外地生猪定点屠宰厂（场）经检疫和肉品品质检验合格的生猪产品进入本地市场。

此规定也是为了保证质量优、信誉好、品牌知名度高的生猪产品在地区间顺畅流通，通过创造和维护良好的市场环境，鼓励生猪屠宰加工企业做大做强，提高生猪产品质量安全水平。

第三章　监督管理

第二十五条　国家实行生猪屠宰质量安全风险监测制度。国务院农业农村主管部门负责组织制定国家生猪屠宰质量安全风险监测计划，对生猪屠宰环节的风险因素进行监测。

省、自治区、直辖市人民政府农业农村主管部门根据国家生猪屠宰质量安全风险监测计划，结合本行政区域实际情况，制定本行政区域生猪屠宰质量安全风险监测方案并组织实施，同时报国务院农业农村主管部门备案。

【理解与适用】本条是关于生猪屠宰质量安全风险监测制度的规定。

实施生猪屠宰质量安全风险监测，不同于监督抽检，不属于标准符合性判定，而是基于风险调查及预警的一项前瞻性工作，是农业农村主管部门落实食品安全"预防为主、风险管理"原则的重要方式。实行生猪屠宰环节的质量安全风险监测制度，有利于发现潜在影响屠宰质量安全的风险隐患，全面掌握和分析违法添加、药物残留及其他有害因素的污染水平和趋势，有利于发现疫病防控和产品质量安全监管中存在的问题，提高生猪屠宰监管工作的针对性和有效性。生猪屠宰质量安全风险监测是农业农村主管部门实施生猪质量安全监督管理的重要手段，承担着提供技术决策、技术服务和技术咨询的重要职能。农业部从 2011 年开始，就在全国范围内逐步开展屠宰环节"瘦肉精"监督检测工作；2016 年开始，又在部分省份增加开展屠宰环节的风险监测工作。目前，农业农村部开展的屠宰环节质量安全风险监测工作已覆盖全国 31 个省份，风险监测因子主要涉及产品品质、违法添加、微生物和动物疫病等，包括水分、β-受体激动剂、糖皮质激素类药物、抗胆碱类药物、麻醉类药物、镇静剂类药物、菌落总数、大肠菌群数和食源性致病微生物等多种参数，已初步构建了覆盖全国，以风险因子为目标、潜在区域为重点、科学检测技术为手段，兼顾多种畜禽的部、省两级监测体系。未来，生猪屠宰质量安全风险监测，应着眼于对生猪屠宰环节违法添加、药物残留、环境微生物污染以及其他有害因素进行持续监测并综合分析，及时发现生猪屠宰环节质量安全风险。

一、生猪屠宰质量安全风险监测计划的制定

国家生猪屠宰质量安全风险监测计划，应由农业农村部根据近年来屠宰环节发生的违法添加案例、疫病用药流行现状及趋势、环境和基础设备污染情况等影响产品质量安全的主要风险因素变化情况来组织制定。该计划应对监测的内容、任务分工、工作要求、组织保障措施和统一的检测方法等内容作出规定。根据实际监管工作需要，可分为国家级风险监测和省级风险监测。

各省、自治区、直辖市人民政府农业农村主管部门应根据国家生猪屠宰质量安全风险监测计划，结合本行政区域的生猪屠宰行业现状、监测技术水平和经费支持能力等具体情况，组织制定适合本行政区域的生猪屠宰质量安全风险监测方案。

生猪屠宰质量安全风险监测应兼顾常规监测范围和年度重点，遵循以下原则：一是监测项目（风险因子）的选择要科学、合理，要选择风险隐患较大、较突出的因素；二是监测范围和对象（样品和企业）要具有代表性，要充分发挥资金的最大效用；三是监测参数（具体某种物质或药物）要有针对性，能反映屠宰环节的特点；四是监测过程要统一规范，任务分工要充分发挥承担单位的优势。

二、生猪屠宰质量安全风险监测的实施

生猪屠宰质量安全风险监测工作的组织实施，包括制定实施方案、组织监测、结果分析和数据报送等内容。国家生猪屠宰质量安全风险监测工作由国务院农业农村主管部门负责组织实施。省级生猪屠宰质量安全风险监测工作由各省、自治区、直辖市人民政府农业农村主管部门负责组织实施。

承担生猪屠宰质量安全风险监测工作的技术机构，应具备检验检测机构资质认定条件和按照规范进行检验的能力，应当按照国家有关认证认可的规定取得资质认定。严格按照有关法律法规、国家生猪屠宰质量安全风

险监测计划和方案的要求，认真记录样品采集和监测情况，按时完成规定的监测任务，定期向下达监测任务的农业农村主管部门报送监测数据和分析结果，保证监测数据真实、准确、客观。

农业农村部指定的专门机构，负责对承担国家和省级生猪屠宰质量安全风险监测工作的技术机构获得的数据进行收集和汇总分析，按时向农业农村部提交科学的风险监测结论和分析报告。

各省、自治区、直辖市农业农村主管部门应将本行政区域生猪屠宰质量安全风险监测方案、方案调整情况报农业农村部备案，并定期向农业农村部报送监测数据和分析结果。

需要注意的是，农业农村主管部门应当根据每年风险监测结果，及时分析、评估，研判生猪屠宰环节质量安全风险，及时调整监测项目、监测范围等内容。

第二十六条 县级以上地方人民政府农业农村主管部门应当根据生猪屠宰质量安全风险监测结果和国务院农业农村主管部门的规定，加强对生猪定点屠宰厂（场）质量安全管理状况的监督检查。

【理解与适用】本条是关于对生猪定点屠宰厂（场）质量安全管理状况监督检查的规定。

生猪屠宰质量安全风险监测是将屠宰过程中可能影响产品质量安全的因素全部纳入监管范围，目的在于及时发现风险，堵塞漏洞。风险监测结果能为农业农村主管部门开展生猪定点屠宰厂（场）风险分级管理提供数据支撑，也有利于农业农村主管部门将监督检查与日常抽检结合，对发现的违法违规行为及时交由当地农业农村主管部门进行查处，有效开展检打联动，实现检验检测、监督执法等部门间的协调合作。

根据风险监测结果，县级以上地方人民政府农业农村主管部门应以生猪屠宰质量安全风险监测结果提示的高风险因子为重点检查对象，定期对生猪定点屠宰厂（场）质量安全管理状况进行有针对性的监督检查，提升生猪定点屠宰厂（场）质量安全管理水平。

第二十七条 农业农村主管部门应当依照本条例的规定严格履行职责，加强对生猪屠宰活动的日常监督检查，建立健全随机抽查机制。

农业农村主管部门依法进行监督检查，可以采取下列措施：

（一）进入生猪屠宰等有关场所实施现场检查；

（二）向有关单位和个人了解情况；

（三）查阅、复制有关记录、票据以及其他资料；

（四）查封与违法生猪屠宰活动有关的场所、设施，扣押与违法生猪屠宰活动有关的生猪、生猪产品以及屠宰工具和设备。

农业农村主管部门进行监督检查时，监督检查人员不得少于2人，并应当出示执法证件。

对农业农村主管部门依法进行的监督检查，有关单位和个人应当予以配合，不得拒绝、阻挠。

【理解与适用】本条是关于生猪屠宰监督检查措施的规定。

一、对生猪屠宰活动实施监督检查

本条第一款规定农业农村主管部门应履行生猪屠宰监管职责，加强对生猪屠宰活动的日常监督检查，建立健全随机抽查机制。

推广随机抽查是简政放权、放管结合、优化服务的重要举措，是完善事中事后监管的关键环节，是国家对部门监管方式的新要求，对于提升监管的公平性、规范性和有效性，减轻企业负担和减少权力寻租，都具有重要意义。2015 年，国务院印发《关于推广随机抽查规范事中事后监管的通知》（国办发〔2015〕58 号），要求大力推广随机抽查监管，制定随机抽查事项清单，建立"双随机"抽查机制。农业部印发了《〈关于农业部推广随机抽查工作实施方案〉的通知》（农政发〔2015〕4号），要求地方各级农业部门制定发布随机抽查事项清单，建立"双随机"抽查机制，深入推进农业部门随机抽查工作。生猪屠宰监管作为农业农村主管部门重要的监管内容，应当建立"双随机一公开"抽查事项清单，对监管对象实施随机抽查。所以，本条例明确规定农业农村主管部门要建立健全随机抽查机制。

二、监督检查的措施

本条第二款规定了农业农村主管部门依法进行监督检查可以采取的措施。主要包括进入生猪屠宰等有关场所实施现场检查，向有关单位和个人了解情况和查阅、复制有关记录、票据以及其他资料，以及查封与违法生猪屠宰活动有关的场所、设施，扣押与违法生猪屠宰活动有关的生猪、生猪产品以及屠宰工具和设备等措施。

1. 进入生猪屠宰等有关场所实施现场检查　农业农村主管部门有权进入生猪屠宰场所实施现场检查，对屠宰场所是否具有相应的屠宰设备设施，是否按照本条例要求进行生猪屠宰活动等进行检查，一是有利于屠宰问题的早预防、早发现、早整治、早解决，防止发生屠宰违法行为；二是对已发生屠宰违法行为的现场进行及时有效控制；三是对屠宰相关的举报进行核实。需要说明的是，这里规定的进入生猪屠宰等有关场所实施现场检查，不仅指进入取得生猪定点屠宰资格的生猪定点屠宰厂（场），也包括其他存在生猪屠宰活动的场所。

2. 向有关单位和个人了解情况　本条例赋予农业农村主管部门相应的调查权，农业农村主管部门向有关单位和个人了解情况，是查明事实，打击生猪屠宰违法行为的需要，有关单位和个人应当配合，并如实回答有关问题。

3. 查阅、复制有关记录、票据以及其他资料　农业农村主管部门进行生猪屠宰活动监督检查，有权查阅、复制有关记录、票据以及其他资料。"查阅、复制有关记录、票据以及其他资料"，主要是指查阅、复制与生猪屠宰活动有关的资料，如生猪定点屠宰厂（场）的生猪定点屠宰证书、动物防疫条件合格证、生猪入厂（场）查验登记记录、生猪产品出厂（场）记录、肉品品质检验记录、无害化处理记录等。查阅、复制有关资料，是保证农业农村主管部门依法履行生猪屠宰监督检查职责，查清违法事实，获取书证的重要手段，被检查的单位或者个人必须如实提供，不得拒绝、转移、销毁有关文件和资料，不得提供虚假的文件和资料。同时，执行该项措施的农业农村主管部门，不得滥用该项权力，查阅、复制与生猪屠宰活动无关的信息，并且应当依法对因此获知的信息进行保密。

4. 查封与违法生猪屠宰活动有关的场所、设施，扣押与违法生猪屠宰活动有关的生猪、生猪产品以及屠宰工具和设备 按照《行政强制法》的规定，行政强制措施是指行政机关在行政管理过程中，为制止违法行为、防止证据损毁、避免危害发生、控制危险扩大等情形，依法对公民的人身自由实施暂时性限制，或者对公民、法人或者其他组织的财物实施暂时性控制的行为。本条第二款第四项规定了农业农村主管部门进行监督检查可以采取的行政强制措施。这些措施包括查封与违法生猪屠宰活动有关的场所、设施，扣押与违法生猪屠宰活动有关的生猪、生猪产品以及屠宰工具和设备。

查封是指农业农村主管部门对与违法生猪屠宰活动有关的场所、设施以张贴封条或其他必要措施方式进行封存，未经查封部门许可，任何单位和个人不得启封、使用。扣押是指农业农村主管部门将与违法生猪屠宰活动有关的生猪、生猪产品以及屠宰工具和设备等运到另外的场所予以扣留。这些强制措施的目的，一是可以方便调查取证，为进一步处罚和遏制违法屠宰活动保留现场证据；二是可以在责令停业、吊销生猪定点屠宰证书等行政处罚作出之前，防止屠宰违法行为继续进行。需要强调的是，农业农村主管部门采取查封、扣押等行政强制措施时，应当符合法定条件，遵循法定程序，妥善行使行政强制权。对违法实施行政强制措施造成相对人损害的应及时予以法律救济。

三、规范执法行为

本条第三款规定，农业农村主管部门进行监督检查时，监督检查人员不得少于2人。农业农村主管部门监督检查人员进行监督检查时必须出示执法证件，出示证件后被监督检查的单位和个人应当支持、配合。2021年1月修订发布的《行政处罚法》第五十五条规定："执法人员在调查或者进行检查时，应当主动向当事人或者有关人员出示执法证件。当事人或者有关人员有权要求执法人员出示执法证件。执法人员不出示执法证件的，当事人或者有关人员有权拒绝接受调查或者检查。"农业农村主管部门监督检查人员必须拥有执法证件才能开展监督检查工作，并应当主动出示执法证件。拥有执法证件是农业农村主管部门监督检查人员的必备条件。

按照中共中央办公厅、国务院办公厅《关于深化农业综合行政执法改革的指导意见》要求，农业综合行政执法队伍的整合组建，应将兽医兽药、生猪屠宰、种子、化肥、农药、农机、农产品质量等分散在同级农业农村部门内设机构及所属单位的行政处罚以及与行政处罚相关的行政检查、行政强制职能剥离，由其集中行使，以农业农村部门的名义统一执法。因此，实施农业综合行政执法改革后，生猪屠宰活动的监督检查应当由农业综合行政执法机构实施，监督检查人员应为农业综合行政执法机构具备执法证件的人员。

四、相对人配合义务

本条第四款是对相对人配合义务的规定。具体而言，是指农业农村主管部门在进行的监督检查，有关单位和个人应当按照要求提供相关资料和样品，如实回答有关问题，不得拒绝、阻挠。实践中，有些非法的生猪屠宰场所以各种理由拒绝农业农村主管部门进入现场进行检查，甚至暴力抗法事件也时有发生。因此，除本条例明确规定农业农村主管部门有权进入生猪屠宰场所进行检查，被检查单位和个人不得拒绝、阻挠外，相关法律也可以适用。

如有关单位和个人阻碍监督检查人员依法执行职务的，则应当由公安机关按照《治安管理处罚法》第五十条"有下列行为之一的，处警告或者二百元以下罚款；情节严重的，处五日以上十日以下拘留，可以并处五百元以下罚款：……（二）阻碍国家机关工作人员依法执行职务的"的规定进行处理。

如有关单位和个人隐藏、转移、变卖或者损毁行政执法机关依法扣押、查封、冻结的财物，或者伪造、隐匿、毁灭证据或者提供虚假证言、谎报案情，影响行政执法机关依法办案的，则应当由公安机关按照《治安管理处罚法》第六十条"有下列行为之一的，处五日以上十日以下拘留，并处二百元以上五百元以下罚款：（一）隐藏、转移、变卖或者损毁行政执法机关依法扣押、查封、冻结的财物的；（二）伪造、隐匿、毁灭证据或者提供虚假证言、谎报案情，影响行政执法机关依法办案的"的规定进行处理。

如有关单位和个人以暴力、威胁方法阻碍监督检查人员依法执行职务的，则应按照涉嫌违反《刑法》第二百七十七条"以暴力、威胁方法阻碍国家机关工作人员依法执行职务的，处三年以下有期徒刑、拘役、管制或者罚金"的规定进行处理。

第二十八条 农业农村主管部门应当建立举报制度，公布举报电话、信箱或者电子邮箱，受理对违反本条例规定行为的举报，并及时依法处理。

【理解与适用】本条是关于举报制度的规定。

举报制度，是指受理举报的机关和组织对公民或者单位举报的线索，依照法律法规或者其他有关规定进行调查处理，保障公民依法行使民主权利的一种制度。任何组织或者个人有权举报生猪屠宰违法行为。畅通群众投诉举报渠道，充分调动社会监督力量，对于农业农村主管部门获取生猪屠宰违法行为的线索和证据，有针对性地打击违法行为具有重要意义。因此，建立举报制度，并及时受理举报是体现社会共治，加强生猪屠宰监督管理的需要。

农业农村主管部门应当公布本部门的电话、信箱或者电子邮箱，接受举报。要对社会组织和公民所举报的问题认真调查处理，不能推诿拖延。对于举报属实的，应及时依法进行处理。同时，还应当对举报人的信息予以保密，充分保护举报人的合法权益。

第二十九条 农业农村主管部门发现生猪屠宰涉嫌犯罪的，应当按照有关规定及时将案件移送同级公安机关。

公安机关在生猪屠宰相关犯罪案件侦查过程中认为没有犯罪事实，或者犯罪事实显著轻微，不需要追究刑事责任的，应当及时将案件移送同级农业农村主管部门。公安机关在侦查过程中，需要农业农村主管部门给予检验、认定等协助的，农业农村主管部门应当给予协助。

【理解与适用】本条是关于涉嫌生猪屠宰犯罪案件行刑衔接的规定。

一、涉嫌生猪屠宰犯罪案件

遵循罪刑法定原则，依照《刑法》和有关司法解释规定，涉嫌生猪屠宰犯罪案件主要有以下几类：妨害动植物防疫、检疫罪，生产、销售伪劣产品罪，生产、销售不符合安全标准的食品罪，生产、销售有毒、有害食品罪，非法经营罪，伪造、变造、买卖国家机关公文、证件、印章罪等。在生猪屠宰行政执法中，农业农村主管部门发现涉嫌上述犯罪行为的，应当按照《行政执法机关移送涉嫌犯罪案件的规定》及时将案件移送同级公安机关。

二、双向案件移送制度

依照我国《刑事诉讼法》的规定，对一般刑事案件的侦查、拘留、执行逮捕、预审，由公安机关负责。除法律特别规定的以外，其他任何机关、团体和个人都无权行使这些权力。因此，处理涉嫌生猪屠宰犯罪案件，本条确立了双向移送制度，体现了"先刑事后行政"的责任追究机制。本条第一款规定了农业农村主管部门向公安机关的案件移送制度。农业农村主管部门发现生猪屠宰涉嫌犯罪的，应当按照有关规定及时将案件移送公安机关。对移送的案件，公安机关应当及时审查；认为有犯罪事实需要追究刑事责任的，应当立案侦查。第二款规定了公安机关向农业农村主管部门的案件移送制度。公安机关在生猪屠宰相关犯罪案件侦查过程中认为生猪屠宰违法案件没有犯罪事实，或者犯罪事实显著轻微，不需要追究刑事责任，但依法应当追究行政法律责任的，应当及时将案件移送农业农村主管部门，农业农村主管部门应当依法处理。关于及时移送的时间节点、移送的具体程序等，应当按照《行政执法机关移送涉嫌犯罪案件的规定》和《人民检察院办理行政执法机关移送涉嫌犯罪案件的规定》等执行。

此外，公安机关在侦查过程中，需要农业农村主管部门对案件涉及的生猪及生猪产品进行检验、认定等协助的，农业农村主管部门应当依据职责给予协助。

第四章 法律责任

第三十条 农业农村主管部门在监督检查中发现生猪定点屠宰厂（场）不再具备本条例规定条件的，应当责令停业整顿，并限期整改；逾期仍达不到本条例规定条件的，由设区的市级人民政府吊销生猪定点屠宰证书，收回生猪定点屠宰标志牌。

【理解与适用】本条是关于生猪定点屠宰厂（场）不再具备规定条件法律责任的规定。

一、本条的适用对象

本条的适用对象为生猪定点屠宰厂（场）。

二、本条规定的执法主体

责令停业整顿的，由农业农村主管部门实施；处以吊销生猪定点屠宰证书行政处罚的，由颁发生猪定点屠宰证书的设区的市级人民政府实施。

三、本条规定的处罚种类及内容

1. 责令停业整顿 生猪定点屠宰厂（场）取得生猪定点屠宰证书后，在生产经营过程中仍然要符合本条例第十一条规定的七项条件，在监督检查中发现其不再具备本条例规定条件的，应当作出责令停业整顿的行政处罚，并限期整改。需要说明的是，本条只规定了停业整顿，未对停业整顿的期限作出明确规定，在执法中，农业农村主管部门应当根据需要整改的事项合理确定停业整顿的具体期限，但停业整顿的期限不应小于限期整改的期限，以体现停业整顿的惩戒性。

2. 吊销生猪定点屠宰证书 生猪定点屠宰证书是设区的市级人民政府应公民、法人或其他组织的申请依法颁发的准予申请人从事生猪屠宰活动的书面法律文件，是生猪定点屠宰厂（场）享有从事生猪屠宰活动权利的凭证。吊销生猪定点屠宰证书，是指设区的市级人民政府依法将颁发给违法行为人的生猪定点屠宰证书收回，剥夺其从事生猪屠宰活动的权利，属于行政法学理论中的行为罚。吊销生猪定点屠宰证书是较严厉的行政处罚，对被处罚人的权益影响较大，为了正确适用该处罚，《行政处罚法》规定应适用听证程序。

四、本条规定的违法行为

本条规定的违法行为，是指取得生猪定点屠宰证书和生猪定点屠宰标志牌的生猪定点屠宰厂（场）不再符合本条例第十一条规定的七项条件之一，具体为：

1. 水源条件不再与屠宰规模相适应，或者水质不再符合国家规定标准的要求 本条例第十一条第一项规定："有与屠宰规模相适应、水质符合国家规定标准的水源条件"。《食品安全国家标准 畜禽屠宰加工卫生规范》（GB 12694）规定，屠宰与分割车间生产用水应符合国家标准《生活饮用水卫生标准》（GB 5749）的要求。生猪定点屠宰厂（场）取得生猪定点屠宰证书后，其水源条件不再符合上述国家标准要求的，视为其不再具备本条例第十一条第一项规定的条件。

2. 待宰间、屠宰间、急宰间、检验室以及生猪屠宰设备和运载工具不再符合国家规定的要求 本条例第十一条第二项规定："有符合国家规定要求的待宰间、屠宰间、急宰间、检验室以及生猪屠宰设备和运载工具"。待宰间、屠宰间、急宰间、检验室以及生猪屠宰设备，应当符合《猪屠宰与分割车间设计规范》（GB 50317）、《食品安全国家标准 畜禽屠宰加工卫生规范》（GB 12694）等国家标准的要求；生猪产品的运载工具，应当符合《食品安全国家标准 畜禽屠宰加工卫生规范》（GB 12694）等国家标准的要求。这里所称的运载工具，即包括运输可食用生猪产品的运输车辆及相关设备，又包括运输不可食用需要进行无害化处理生猪产品的运输车辆和相关设备。生猪定点屠宰厂（场）取得生猪定点屠宰证书后，其待宰间、屠宰间、急宰间、检验室以及生猪屠宰设备和运载工具不再符合上述国家标准要求的，视为其不再具备本条例第十一条第二项规定的条件。

3. 屠宰技术人员不再符合规定条件 本条例第十一条第三项规定："有依法取得健康证明的屠宰技术人员"。屠宰技术人员，指的是生猪定点屠宰厂（场）内，从事屠宰操作、肉品分割、副产品初加工等工作的人员，与生猪和生猪产品直接接触。屠宰技术人员应当经体检合格，取得所在区域医疗机构出具的健康证后方可上岗，每年应进行一次健康检查，必要时做临时健康检查。屠宰技术人员不再符合规定条件的情形，既包括生猪定点屠宰厂（场）取得生猪定点屠宰证书后，其屠宰技术人员未取得健康证明，也包括屠宰技术人员取得健康证明后但每年未进行健康检查的情形。

4. 兽医卫生检验人员不再符合规定条件　本条例第十一条第四项规定："有经考核合格的兽医卫生检验人员"。兽医卫生检验人员必须经考核合格，否则不得开展检验工作。生猪定点屠宰厂（场）取得生猪定点屠宰证书后，兽医卫生检验人员未经考核合格的，视为其不再具备本条例第十一条第四项规定的条件。

5. 检验设备、消毒设施不再符合国家规定的要求，或者污染防治设施不再符合环境保护要求　本条例第十一条第五项规定："有符合国家规定要求的检验设备、消毒设施以及符合环境保护要求的污染防治设施"。生猪定点屠宰厂（场）应当配备能满足屠宰工艺和《生猪屠宰产品品质检验规程》（GB/T 17996）要求的检验设备，配备能达到《畜禽屠宰企业消毒规范》（NY/T 3384）要求的消毒设施，以及配备能达到《肉类加工工业水污染物排放标准》（GB 13457）和《恶臭污染物排放标准》（GB 14554）等国家和地方污染物排放标准要求的污染防治设施。生猪定点屠宰厂（场）取得生猪定点屠宰证书后，其检验设备、消毒设施，或者污染防治设施不能达到上述国家标准要求的，视为其不再具备本条例第十一条第五项规定的条件。

6. 不再具备无害化处理条件　本条例第十一条第六项规定："有病害生猪及生猪产品无害化处理设施或者无害化处理委托协议"。不再具备无害化处理条件，是指生猪定点屠宰厂（场）没有病害生猪及生猪产品无害化处理设施或者未签订无害化处理委托协议。生猪定点屠宰厂（场）没有病害生猪及生猪产品无害化处理设施，还包括虽然有无害化处理设施，但无法正常运行的情形。未签订无害化处理委托协议，还包括虽然签订了无害化处理委托协议，但未实际履行的情形。生猪定点屠宰厂（场）对病害生猪及生猪产品自行进行无害化处理的，其无害化处理设施应当达到《病死及病害动物无害化处理技术规范》等规定的要求。生猪定点屠宰厂

（场）取得生猪定点屠宰证书后，其无害化处理设施不再符合上述国家标准要求，或者无害化处理设施无法正常运行，且未与第三方签订无害化处理委托协议的，视为其不再具备本条例第十一条第六项规定的条件。

7. 不再具备规定的动物防疫条件　《动物防疫法》和本条例规定，动物屠宰加工场所必须取得动物防疫条件合格证，否则不得从事屠宰活动。生猪定点屠宰厂（场）取得生猪定点屠宰证书后，其动物防疫条件合格证被发证机关撤销、撤回，或者吊销的，视为其不再具备本条例第十一条第七项规定的条件。

五、适用本条应当注意的问题

1. 关于责令限期整改　责令限期整改，是指行政机关对违法行为人发出的一种作为命令。责令限期整改本身不具有制裁性，只是要求生猪定点屠宰厂（场）履行既有的法定义务，停止违法行为，消除不良后果，恢复原状。其目的是纠正生猪定点屠宰厂（场）的违法行为，维护正常的生猪屠宰管理秩序。因此，本条规定的责令限期整改是纠正违法行为，不是对生猪定点屠宰厂（场）的行政处罚，不属于行政处罚的种类。这里需要说明的有两个问题：一是关于责令整改的期限。农业农村主管部门在责令生猪定点屠宰厂（场）整改时，必须附有一定的期限，应针对不同违法行为，合理确定整改期限，即违法行为人能够在该期限内完成需要整改事项的合理期限。但整改期限不得大于本条规定的停业整顿所确定的期限，避免发生整改期限尚未届满而停业整顿期限届满的情形。整改期限届满后，农业农村主管部门应当进行核查，视其整改情况决定是否恢复其生猪屠宰活动。整改期限届满后，生猪定点屠宰厂（场）经整改达到本条例第十一条规定条件且停业整顿期限届满的，自然恢复生产，农业农村主管部门无须再出具相关法律文件；整改期限届满后，生猪定点屠宰厂（场）仍然不能达到本条例第十一条规定条件的，农业农村主管部门应当报请发证的设区的市级人民政府，对该生猪定点屠宰厂（场）实施吊销生猪定点屠宰证书的行政处罚。二是实施责令停业整顿的行政处罚和作出限期整改的行政命令时，应当制作不同的法律文书。实施责令停业整顿的行政处罚时，应当遵循《行政处罚法》规定的程序，并制作《行政处罚决定书》，同时告知其救济权利和途径。作出责令限期整改的行政命令时，应当制作《责令改正通知书》，明确需要改正的具体事项和整改的期限。

2. 关于吊销生猪定点屠宰证书 在适用本处罚时，其前提是生猪定点屠宰厂（场）在限期整改的期限届满后，仍达不到本条例第十一条的规定条件。如果生猪定点屠宰厂（场）在整改期限内达到了规定条件，则不能实施吊销处罚。对因不再符合本条例第十一条规定的条件而被吊销生猪定点屠宰证书的，只要当事人进行整改后，重新又符合条件的，可以重新申请生猪定点屠宰证书。但需要注意的是，根据本条例第三十八条的规定，被吊销生猪定点屠宰证书的生猪定点屠宰厂（场）的原法定代表人（负责人）、直接负责的主管人员和其他直接责任人员，自吊销生猪定点屠宰证书处罚决定作出之日起 5 年内不得再提出生猪定点屠宰许可申请，也不得再从事生猪屠宰管理活动；设区的市级人民政府在核发生猪定点屠宰证书时，应当注意核查。

第三十一条 违反本条例规定，未经定点从事生猪屠宰活动的，由农业农村主管部门责令关闭，没收生猪、生猪产品、屠宰工具和设备以及违法所得；货值金额不足 1 万元的，并处 5 万元以上 10 万元以下的罚款；货值金额 1 万元以上的，并处货值金额 10 倍以上 20 倍以下的罚款。

冒用或者使用伪造的生猪定点屠宰证书或者生猪定点屠宰标志牌的，依照前款的规定处罚。

生猪定点屠宰厂（场）出借、转让生猪定点屠宰证书或者生猪定点屠宰标志牌的，由设区的市级人民政府吊销生猪定点屠宰证书，收回生猪定点屠宰标志牌；有违法所得的，由农业农村主管部门没收违法所得，并处 5 万元以上 10 万元以下的罚款。

【理解与适用】本条是关于未经定点从事生猪屠宰活动，以及冒用、使用伪造、出借、转让生猪定点屠宰证书或生猪定点屠宰标志牌违法行为法律责任的规定。

一、本条的适用对象

1. 第一款的适用对象 未经定点从事生猪屠宰活动的单位和个人。

2. 第二款的适用对象 从事生猪屠宰活动的单位和个人。

3. 第三款的适用对象 生猪定点屠宰厂（场）。

二、本条规定的执法主体

处以责令关闭、没收生猪、生猪产品、屠宰工具和设备、违法所得以及罚款行政处罚的，由农业农村主管部门实施；处以吊销生猪定点屠宰证书行政处罚的，由颁发生猪定点屠宰证书的设区的市级人民政府实施。

三、本条规定的处罚种类及内容

依违法行为不同，处罚种类及内容不同。

1. 对未经定点从事生猪屠宰活动的违法行为 一是责令关闭。责令关闭是较为严厉的行政处罚种类之一，未经定点屠宰从事生猪屠宰活动是严重的违法行为，本条对该违法行为设定了责令关闭的行政处罚。二是没收生猪、生猪产品、屠宰工具和设备以及违法所得。生猪、生猪产品包括待宰的生猪和屠宰后的生猪产品；屠宰工具和设备包括实施生猪屠宰活动中使用的所有屠宰工具和设备。违法所得是违法行为人因未经定点从事生猪屠宰活动而获得的款项，包括成本和利润。实施没收违法所得行政处罚的前提是当事人因为未经定点从事生猪屠宰活动的违法行为而获得了非法收入，即有了违法所得才给予没收处罚；如果当事人没有违法所得，该处罚种类也无从实施。未经定点从事生猪屠宰活动产生的违法所得有两种情形：其一是生猪屠宰后销售生猪产品而获得的款项，其二是从事委托屠宰活动而收取的服务费。没收生猪、生猪产品、屠宰工具和设备以及违法所得，是《行政处罚法》规定的行政处罚种类之一，即"没收违法所得、没收非法财物"。三是并处罚款。"并处"是指除实施没收生猪、生猪产品、屠宰工具和设备以及违法所得的行政处罚外，必须同时实施该处罚种类，即行政处罚决定书中要同时体现罚款和没收内容。对未经定点从事生猪屠宰活动，以及冒用或者使用伪造的生猪定点屠宰证书或者生猪定点屠宰标志牌的违法行为，罚款处罚的基数是"同类检疫合格及肉品品质检验合格的生猪、生猪产品的货值金额，价格按市场价格计算"；罚款处罚的数额为"货值金额不足 1 万元的，处 5 万元以上 10 万元以下的罚款"；"货值金额 1 万元以上的，处货值金额 10 倍以上 20 倍以下的罚款"，含本数。

对出借、转让生猪定点屠宰证书或者生猪定点屠宰标志牌的违法行为，罚款的数额为"5万元以上10万元以下的罚款"，含本数。

需要说明的是，本条规定的罚款数额有一定的幅度，在适用罚款处罚时，应当合法、合理、适当地行使行政处罚自由裁量权。根据农业农村部公告第180号《规范农业行政处罚自由裁量权办法》，罚款数额有一定幅度的，在相应的幅度范围内分为从轻处罚、一般处罚和从重处罚三种情形。罚款为一定幅度的数额，并同时规定了最低罚款数额和最高罚款数额的，从轻处罚应低于最高罚款数额与最低罚款数额的中间值，一般处罚取中间值，从重处罚应高于中间值。据此，以本条第一款为例，适用有幅度的罚款处罚时，自由裁量权的行使规则为：对货值金额不足1万元的（不包含本数）、处5万元以上10万元以下的罚款时，从轻处罚的数额幅度范围为5万元以上（包含本数）7.5万元以下（不包含本数），一般处罚的数额为7.5万元，从重处罚的数额幅度范围为7.5万元以上（不包含本数）10万元以下（包含本数），减轻处罚的数额幅度为5万元以下（不包含本数）。罚款为一定金额的倍数，并同时规定了最低罚款倍数和最高罚款倍数的，从轻处罚应低于最低罚款倍数和最高罚款倍数的中间倍数，一般处罚取中间倍数，从重处罚应高于中间倍数。据此，以本条第一款为例，适用有倍数的罚款处罚时，自由裁量权的行使规则为：对货值金额1万元以上的（包含本数）、处货值金额10倍以上20倍以下的罚款时，从轻处罚的数额幅度范围为10倍以上（包含本数）15倍以下（不包含本数），一般处罚的数额幅度范围为15倍，从重处罚的数额幅度范围为15倍以上（不包含本数）20倍以下（包含本数），减轻处罚的数额幅度范围为10倍以下（不包含本数）。

在适用罚款处罚时，有下列情形之一的，依法从轻或减轻处罚：①已满14周岁不满18周岁的未成年人实施违法行为的；②主动消除或减轻违法行为危害后果的；③受他人胁迫或者诱骗实施违法行为的；④在共同违法行为中起次要或者辅助作用的；⑤主动中止违法行为的；⑥配合行政机关查处违法行为有立功表现的；⑦主动投案向行政机关如实交代违法行为的；⑧主动供述行政机关尚未掌握的违法行为的；⑨其他依法应当从轻或减轻处罚的。

在适用罚款处罚时，有下列情形之一的，依法从重处罚：①违法情节恶劣，造成严重危害后果的；②责令改正拒不改正，或者一年内实施两次以上同种违法行为的；③妨碍、阻挠或者抗拒执法人员依法调查、处理其违法行为的；④故意转移、隐匿、毁坏或伪造证据，或者对举报投诉人、证人打击报复的；⑤在共同违法行为中起主要作用的；⑥胁迫、诱骗或教唆未成年人实施违法行为的；⑦其他依法应当从重处罚的。

2. 对冒用或者使用伪造的生猪定点屠宰证书或者生猪定点屠宰标志牌的违法行为　对该违法行为，按照本条第一款规定的处罚种类和内容实施处罚。对既冒用或者使用伪造的生猪定点屠宰证书或者生猪定点屠宰标志牌，又未取得生猪定点屠宰证书从事生猪屠宰活动的，构成两个违法行为，按本条第一款规定的处罚种类和内容从重处罚。对于伪造生猪定点屠宰证书或者生猪定点屠宰标志牌的违法行为，农业农村主管部门应当移送公安机关，按照《治安管理处罚法》的有关规定予以行政处罚，构成犯罪的，依法追究刑事责任。

3. 对出借、转让生猪定点屠宰证书或者生猪定点屠宰标志牌的违法行为　一是吊销生猪定点屠宰证书。农业农村主管部门在监督管理中，只要发现生猪定点屠宰厂（场）有出借、转让生猪定点屠宰证书或者出借、转让生猪定点屠宰标志牌的违法行为，就应当报请发证的设区的市级人民政府吊销生猪定点屠宰证书。二是没收违法所得。生猪定点屠宰厂（场）将其合法取得的生猪定点屠宰证书或者生猪定点屠宰标志牌，有偿或无偿出借、转让给他人，其可能获益，也可能不获益。如果获得利益的，为有违法所得，依法应当给予没收；如果没有违法所得的，则不予没收违法所得的行政处罚。需要说明的是，如果生猪定点屠宰厂（场）出借、转让生猪定点屠宰证书或者生猪定点屠宰标志牌有违法所得的，生猪定点屠宰厂（场）将受到吊销生猪定点屠宰证书和没收违法所得两项行政处罚，收到两份行政处罚决定书。一份由发证的设区的市级人民政府作出，内容为吊销生猪定点屠宰证书；另一份由农业农村主管部门作出，内容为没收违法所得。

此外，还需要说明的是，按照《行政处罚法》第二十八条"当事人有违法所得，除依法应当退赔的外，应当予以没收"的规定，在适用本条没收违法所得的处罚时，当事人已经依法退赔违法所得的，退赔的款项不再予以没收。

四、本条规定的违法行为

本条规定的应当追究法律责任的违法行为是指下列行为之一。

1. 未经定点从事生猪屠宰活动的　该行为违反了本条例第二条第二款的规定："除农村地区个人自宰自食的不实行定点屠宰外，任何单位和个人未经定点不得从事生猪屠宰活动。"只有取得生猪定点屠宰证书，才能从事生猪屠宰活动，未经定点从事生猪屠宰活动的，属于违法行为，应当承担相应的法律责任。需要说明的是，农村地区个人自宰自食的，既包括屠宰后生猪产品的自己食用，也包括馈赠亲友和农村地区邻里之间的帮工屠宰行为，上述行为均不需要取得生猪定点屠宰证书，实施的生猪屠宰活动不属于违法行为；如果屠宰后的生猪产品用于经营的，则违反本条例第二条第二款的规定，按本条第一款的规定，给予相应的行政处罚。此外，根据本条例第九条第三款"生猪定点屠宰厂（场）变更生产地址的，应当依照本条例的规定，重新申请生猪定点屠宰证书"的规定，生猪定点屠宰厂（场）变更生产地址，意味着屠宰场地址、建设条件、相关配套设施等都发生了改变，应当重新申请生猪定点屠宰证书；未重新申请生猪定点屠宰证书从事生猪屠宰的，按本条第一款的规定，给予相应的行政处罚。

2. 冒用或者使用伪造的生猪定点屠宰证书或者生猪定点屠宰标志牌的　该行为违反了本条例第十条第二款中"任何单位和个人不得冒用或者使用伪造的生猪定点屠宰证书和生猪定点屠宰标志牌"的规定。据此规定，冒用或者使用伪造的生猪定点屠宰证书或者生猪定点屠宰标志牌的违法行为具体表现为：第一，冒用生猪定点屠宰证书或者生猪定点屠宰标志牌。冒用是指顶替、代替他人，假冒其他生猪定点屠宰厂（场）取得的生猪定点屠宰证书或者生猪定点屠宰标志牌，以他人名义从事生猪活动的行为。第二，使用伪造的生猪定点屠宰证书或者生猪定点屠宰标志牌。使用伪造的生猪定点屠宰证书或者生猪定点屠宰标志牌，是指无权制作、出具生猪定点屠宰证书和生猪定点屠宰标志牌的单位和个人，仿制法定生猪定点屠宰证书和生猪定点屠宰标志牌的式样，违法行为人以假充真使用该仿制生猪定点屠宰证书或生猪定点屠宰标志牌的行为。

3. 出借、转让生猪定点屠宰证书或者生猪定点屠宰标志牌的　该行为违反了本条例第十条第二款中"生猪定点屠宰证书和生猪定点屠宰标志牌不得出借、转让"的规定。据此规定，出借、转让生猪定点屠宰证书或者生猪定点屠宰标志牌的违法行为具体表现为：第一，出借生猪定点屠宰证书或者生猪定点屠宰标志牌；第二，转让生猪定点屠宰证书或者生猪定点屠宰标志牌。出借、转让生猪定点屠宰证书和生猪定点屠宰标志牌，是指依法取得生猪定点屠宰证书和生猪定点屠宰标志牌的生猪定点屠宰厂（场），将自己的生猪定点屠宰证书或者生猪定点屠宰标志牌以有偿或者无偿的方式提供给其他单位或个人使用的行为。

第三十二条 违反本条例规定，生猪定点屠宰厂（场）有下列情形之一的，由农业农村主管部门责令改正，给予警告；拒不改正的，责令停业整顿，处5 000元以上5万元以下的罚款，对其直接负责的主管人员和其他直接责任人员处2万元以上5万元以下的罚款；情节严重的，由设区的市级人民政府吊销生猪定点屠宰证书，收回生猪定点屠宰标志牌：

（一）未按照规定建立并遵守生猪进厂（场）查验登记制度、生猪产品出厂（场）记录制度的；

（二）未按照规定签订、保存委托屠宰协议的；

（三）屠宰生猪不遵守国家规定的操作规程、技术要求和生猪屠宰质量管理规范以及消毒技术规范的；

（四）未按照规定建立并遵守肉品品质检验制度的；

（五）对经肉品品质检验不合格的生猪产品未按照国家有关规定处理并如实记录处理情况的。

发生动物疫情时，生猪定点屠宰厂（场）未按照规定开展动物疫病检测的，由农业农村主管部门责令停业整顿，并处5 000元以上5万元以下的罚款，对其直接负责的主管人员和其他直接责任人员处2万元以上5万元以下的罚款；情节严重的，由设区的市级人民政府吊销生猪定点屠宰证书，收回生猪定点屠宰标志牌。

【理解与适用】本条是关于未按规定建立并遵守生猪进厂登记制度、生猪产品出厂记录制度，未签订、保存生猪委托屠宰协议，不遵守操作规程、技术要求和屠宰质量管理规范，未建立并遵守肉品品质检验制度，对检验不合格的生猪产品未按规定处理并如实记录处理情况，以及未按规定开展动物疫病检测等违法行为法律责任的规定。

一、本条的适用对象

本条的适用对象为生猪定点屠宰厂（场）及其直接负责的主管人员和其他直接责任人员。

二、本条规定的执法主体

责令改正和处以警告、责令停业整顿、罚款行政处罚的，由农业农村主管部门实施；处以吊销生猪定点屠宰证书、收回生猪定点屠宰标志牌行政处罚的，由颁发生猪定点屠宰证书和生猪定点屠宰标志牌的设区的市级人民政府实施。

三、本条规定的处罚种类及内容

1. 警告　警告是《行政处罚法》设定的行政处罚种类之一，行政法学理念将其归类为申戒罚。申戒罚是指行政处罚主体向违反行政法律规范的行政相对人提出警戒或者谴责，申明其行为的违法性，既具有教育性质又具有惩罚性质，教育行为人避免以后再犯的一种较轻的处罚形式。其特点在于对违法行为人实施精神上或者名誉、信誉方面的惩戒。给予警告行政处罚时应当制作《当场处罚决定书》，一般可以当场作出，但不得以口头警告的形式作出。

对本条第一款所列的五类违法行为，包括未按照规定建立并遵守生猪进厂（场）查验登记制度、生猪产品出厂（场）记录制度的，未按照规定签订、保存生猪委托屠宰协议的，屠宰生猪不遵守国家规定的操作规程、技术要求和生猪屠宰质量管理规范的，未按照规定建立并遵守肉品品质检验制度的，对经肉品品质检验不合格的生猪产品未按照国家有关规定处理并如实记录处理情况的，农业农村主管部门应当依据本条第一款的规定给予警告的行政处罚，同时责令生猪定点屠宰厂（场）改正上述违法行为。

2. 责令停业整顿　《行政处罚法》第二条规定，行政处罚是指行政机关依法对违反行政管理秩序的公民、法人或者其他组织，以减损权益或者增加义务的方式予以惩戒的行为。生猪定点屠宰厂（场）取得生猪定点屠宰证书后，有本条所列违法行为之一，在农业农村主管部门责令改正后，其拒不改正的，应当责令其停业整顿，该责令其停业整顿的行为减损了生猪定点屠宰厂（场）的权益，具有惩戒性。需要说明的有两个问题：一是本条只规定了停业整顿，但未对停业整顿的期限作出明确规定，在执法中，农业农村主管部门应当合理确定停业整顿的具体期限。停业整顿的期限届满后，经农业农村主管部门核查仍然存在本条规定违法行为的，属于本条规定的情节严重的情形。二是本条第一款适用责令停业整顿行政处罚的前提是生猪定点屠宰厂（场）"拒不改正"第一款所列的违法行为，如果生猪定点屠宰厂（场）按农业农村主管部门要求的内容和期限改正的，则不得按第一款的规定给予其责令停业整顿的行政处罚；而本条第二款规定的"责令停业整顿"行政处罚，则不需要考虑其是否改正违法行为。

3. 罚款 罚款是《行政处罚法》设定的行政处罚种类之一，行政法学理论将其归类为财产罚，是对违法行为人实施的经济制裁，以国家强制力强迫违法行为人向国家缴纳一定数额的金钱，针对的是行政相对人的合法收入，是行政法中适用范围最广的一种财产罚。罚款在执行上，分为专门机构收缴罚款和行政处罚主体执法人员当场收缴罚款两种。有下列情形之一的，执法人员可以当场收缴罚款：一是依法给予100元以下罚款的；二是不当场收缴事后难以执行的；三是在边远、水上、交通不便地区，当事人到指定的银行或者通过电子支付系统缴纳罚款有困难且当事人提出的。当场收缴罚款的，必须向当事人出具省、自治区、直辖市财政部门统一制发的专用票据；不出具财政部门统一制发的专用票据的，当事人有权拒绝缴纳罚款。

本条对第一款所列的五类违法行为，以及第二款规定的违法行为，设定的罚款是一种"双罚制"，即生猪定点屠宰厂（场）实施的违法行为，既对生猪定点屠宰厂（场）给予罚款处罚，又对生猪定点屠宰厂（场）的直接负责的主管人员和其他直接责任人员给予罚款处罚。对生猪定点屠宰厂（场）罚款处罚的基数是"同类检疫合格及肉品品质检验合格的生猪、生猪产品的货值金额，价格按市场价格计算"。对生猪定点屠宰厂（场）、罚款处罚的数额为"5 000元以上5万元以下的罚款"，含本数；对生猪定点屠宰厂（场）的直接负责的主管人员和其他直接责任人员罚款的数额为

"2 万元以上 5 万元以下的罚款"，含本数。罚款处罚的自由裁量权行使，详见第三十一条的相关内容，这里不再赘述。需要说明是，本条第一款适用罚款行政处罚的前提是生猪定点屠宰厂（场）"拒不改正"第一款所列的违法行为，如果生猪定点屠宰厂（场）按农业农村主管部门要求的内容和期限改正的，则不得按第一款的规定给予罚款的行政处罚。

4. 吊销生猪定点屠宰证书　对本条第一款和第二款所列的六类违法行为，包括未按照规定建立并遵守生猪进厂（场）查验登记制度、生猪产品出厂（场）记录制度的，未按照规定签订、保存生猪委托屠宰协议的，屠宰生猪不遵守国家规定的操作规程、技术要求和生猪屠宰质量管理规范以及消毒技术规范的，未按照规定建立并遵守肉品品质检验制度的，对经肉品品质检验不合格的生猪产品未按照国家有关规定处理并如实记录处理情况的，以及发生动物疫情时未按规定开展动物疫病检测的，农业农村主管部门认为情节严重，应当给予生猪定点屠宰厂（场）吊销生猪定点屠宰证书行政处罚的，应当报请发证的设区的市级人民政府实施。需要说明的是，本条适用吊销生猪定点屠宰证书行政处罚的，违法行为必须达到情节严重的程度，没有达到情节严重程度的，则不得给予吊销生猪定点屠宰证书的行政处罚。有下列情形之一的，可以认定为情节严重。

（1）对本条第一款第一项规定的未按照规定建立并遵守生猪进厂（场）查验登记制度的情节严重情形，是指在未按规定建立并遵守生猪进厂（场）查验登记制度而从事生猪屠宰活动期间，有下列情形之一的：①未取得检疫证明的生猪进厂（场）且货值金额 2 万元以上的；②因未按照规定建立并遵守生猪进厂（场）查验登记制度受到行政处罚后 1 年内又实施该违法行为，或者因食品安全犯罪受到刑事处罚后又实施该违法行为的；③违法行为持续时间 3 个月以上的；④其他情节严重的情形。

（2）对本条第一款第一项规定的未按照规定建立并遵守生猪产品出厂（场）查验登记制度的情节严重情形，是指在未按规定建立并遵守生猪产品出厂（场）查验登记制度而从事生猪屠宰活动期间，有下列情形之一的：①对出厂（场）的生猪产品发现其不符合食品安全标准、有证据证明可能危害人体健康且无法追溯的；②因未按照规定建立并遵守生猪产品出厂（场）查验登记制度受到行政处罚后 1 年内又实施该违法行为，或者因食品安全犯罪受到刑事处罚后又实施该违法行为的；③违法行为涉及的生猪产品货值金额 2 万元以上或者违法行为持续时间 3 个月以上的；④其他情节严重的情形。

（3）对本条第一款第二项规定的未按照规定签订、保存生猪委托屠宰协议的情形严重情形，是指未签订或保存生猪委托屠宰协议期间，有下列情形之一的：①对委托屠宰后的生猪产品，出厂（场）后发现其不符合食品安全标准、有证据证明可能危害人体健康且无法追溯的；②因未按照规定签订、保存生猪委托屠宰协议受到行政处罚后 1 年内又实施该违法行为，或者因食品安全犯罪受到刑事处罚后又实施该违法行为的；③违法行为涉及的生猪产品货值金额 2 万元以上或者违法行为持续时间 3 个月以上的；④其他情节严重的情形。

（4）对本条第一款第三项、第四项规定的屠宰生猪不遵守国家规定的操作规程、技术要求、生猪屠宰质量管理规范和消毒技术规范，以及未按照规定建立并遵守肉品品质检验制度的情节严重情形，是指屠宰生猪不遵守国家规定的操作规程、技术要求、生猪屠宰质量管理规范和消毒技术规范期间，以及未按照规定建立并遵守肉品品质检验制度期间，有下列情形之一的：①违法行为涉及的生猪产品货值金额 2 万元以上或者违法行为持续时间 3 个月以上的；②因本条第一款第三项或者第四项的违法行为受到行政处罚后 1 年内又实施同一性质的违法行为，或者因食品安全犯罪受到刑事处罚后又实施该违法行为的；③其他情节严重的情形。

（5）对本条第一款第五项规定的对经肉品品质检验不合格的生猪产品未按照国家有关规定处理并如实记录处理情况的情节严重情形，是指对经肉品品质检验不合格的生猪产品未按照国家有关规定处理并如实记录处理情况期间，有下列情形之一的：①未按规定处理肉品品质检验不合格的生猪产品有证据证明可能危害人体健康且货值金额 2 万元以上的；②因本条第一款第五项的违法行为受到行政处罚后 1 年内又实施该违法行为，或者因食品安全犯罪受到刑事处罚后又实施该违法行为的；③违法行为持续时间 3 个月以上的；④发生环境污染事故的；⑤其他情节严重的情形。

（6）对本条第二款规定的发生动物疫情时，生猪定点屠宰厂（场）未按照规定开展动物疫病检测的情节严重情形，是指发生动物疫情时，未按照规定开展动物疫病检测期间，有下列情形之一的：①因未开展动物疫病检测、检测不到位或造假检测数据等原因骗取检疫证明造成染疫的生猪产品出厂（场）引发重大动物疫情的；②因未开展动物疫病检测、检测不到位或造假检测数据等原因骗取检疫证明出厂（场）生猪产品，有引起重大动物疫情风险且货值金额 2 万元以上的；③因未按照规定开展动物疫病检测，在停业整顿期满后仍然不能开展动物疫病检测的；④因本条第二款的违法行为受到行政处罚后 1 年内又实施该违法行为，或者因动物防疫犯罪受到刑事处罚后又实施该违法行为的；⑤违法行为持续时间 3 个月以上的；⑥其他情节严重的情形。

（7）给予生猪定点屠宰厂（场）停业整顿的行政处罚期限届满后，经农业农村主管部门核查仍然存在本条第一款和第二款所列违法行为的。

四、本条规定的违法行为

本条规定的应当追究法律责任的违法行为是指下列行为之一。

（一）未按照规定建立并遵守生猪进厂（场）查验登记制度、生猪产品出厂（场）记录制度的

1. 未按照规定建立并遵守生猪进厂（场）查验登记制度的　一是未按照规定建立生猪进厂（场）查验登记制度的。该行为违反了本条例第十三条第一款的规定："生猪定点屠宰厂（场）应当建立生猪进厂（场）查验登记制度。"进厂（场）查验登记制度是保障生猪产品质量安全的第一道防线，同时也是生猪屠宰厂（场）防控动物疫病的第一道屏障，通过建立生猪进厂（场）查验登记制度提前发现影响食品安全隐患及染疫的生猪，从而保障生猪产品质量安全。未建立生猪进厂（场）查验登记制度的违法行为，应当承担相应的法律责任。二是未遵守生猪进厂（场）查验登记制度的。该行为违反了本条例第十三条第二款的规定："生猪定点屠宰厂（场）应当依法查验检疫证明等文件，利用信息化手段核实相关信息，如实记录屠宰生猪的来源、数量、检疫证明号和供货者名称、地址、联系方式等内容，并保存相关凭证。出现伪造、变造检疫证明的，应当及时报告农业农村主管部门。发生动物疫情时，还应当查验、记录运输车辆基本情况。记录、凭证保存期限不得少于 2 年。"未遵守是指虽然建立了生猪进厂（场）查验登记制度，但未按照本条例第十三条第二款的规定履行查验、登记和保存的义务。未遵守生猪进厂（场）查验登记制度的违法行为具体表现为：一是未履行查验检疫证明等文件义务；二是未如实记录本条例第十三条第

二款规定的有关内容；三是发生动物疫情时，未履行查验、记录运输车辆基本情况的义务；四是未按照规定期限保存有关记录、凭证。上述行为均属于违法行为，应当按照本条第一款第一项的规定处理处罚。

2. 未按照规定建立并遵守生猪产品出厂（场）记录制度的 该行为违反了本条例第十七条的规定："生猪定点屠宰厂（场）应当建立生猪产品出厂（场）记录制度，如实记录出厂（场）生猪产品的名称、规格、数量、检疫证明号、肉品品质检验合格证号、屠宰日期、出厂（场）日期以及购货者名称、地址、联系方式等内容，并保存相关凭证。记录、凭证保存期限不得少于2年。"生猪产品厂（场）记录制度是保障生猪质量安全的重要措施，是追溯存在食品安全隐患出厂（场）生猪产品的基础。未按照规定建立并遵守生猪产品出厂（场）记录制度的违法行为具体表现为：一是未按照规定建立生猪产品出厂（场）记录制度；二是未如实记录本条例第十七条规定的出厂（场）生猪产品的有关内容；三是未按照规定期限保存记录和凭证。上述违法行为，应当按照本条第一款第一项的规定处理处罚。

（二）未按照规定签订、保存生猪委托屠宰协议的

该行为违反了本条例第十三条第三款的规定："生猪定点屠宰厂（场）接受委托屠宰的，应当与委托人签订委托屠宰协议，明确生猪产品质量安全责任。委托屠宰协议自协议期满后保存期限不得少于2年。"签订生猪委托屠宰协议是落实生猪产品质量安全主体责任的重要措施。未按照规定签订、保存生猪委托屠宰协议的违法行为具体表现为：一是生猪定点屠宰厂（场）接受委托屠宰但未签订委托屠宰协议；二是虽然签订了委托屠宰协议但没有明确生猪产品质量安全责任；三是未按照规定期限保存委托屠宰协议。上述违法行为，应当按照本条第一款第二项的规定处理处罚。

（三）屠宰生猪不遵守国家规定的操作规程、技术要求和生猪屠宰质量管理规范以及消毒技术规范的

该行为违反了本条例第十四条中"生猪定点屠宰厂（场）屠宰生猪，应当遵守国家规定的操作规程、技术要求和生猪屠宰质量管理规范以及消毒技术规范"的规定。遵守生猪屠宰的操作规程、屠宰生猪的技术要求和生猪屠宰质量管理规范是生猪产品质量安全的重要保障，生猪定点屠宰厂（场）遵守消毒技术规范，是传染病防治的重要措施。屠宰生猪不遵守国家规定的操作规程、技术要求和生猪屠宰质量管理规范以及消毒技术规范的违法行为具体表现为：一是不遵守国家规定的操作规程；二是不遵守国家规定的技术要求；三是不遵守国家规定的生猪屠宰质量管理规范；四是不遵守国家规定的消毒技术规范。上述违法行为，应当按照本条第一款第三项的规定处理处罚。

（四）未按照规定建立并遵守肉品品质检验制度的

该行为违反了本条例第十五条第一款"生猪定点屠宰厂（场）应当建立严格的肉品品质检验管理制度。肉品品质检验应当遵守生猪屠宰肉品品质检验规程，与生猪屠宰同步进行，并如实记录检验结果。检验结果记录保存期限不得少于 2 年"和第二款中"经肉品品质检验合格的生猪产品，生猪定点屠宰厂（场）应当加盖肉品品质检验合格验讫印章，附具肉品品质检验合格证"的规定。据此规定，未按照规定建立并遵守肉品品质检验制度的违法行为具体表现为：一是未建立严格的肉品品质检验管理制度；二是肉品品质检验未遵守生猪屠宰肉品品质检验规程；三是肉品品质检验未与生猪屠宰同步进行；四是未如实记录检验结果；五是未按规定期限保存检验结果记录；六是经肉品品质检验合格的生猪产品，生猪定点屠宰厂（场）未加盖肉品品质检验合格验讫印章，或者未附具肉品品质检验合格证。上述违法行为应当按照本条第一款第四项的规定处理处罚。

（五）对经肉品品质检验不合格的生猪产品未按照国家有关规定处理并如实记录处理情况的

该行为违反了本条例第十五条第二款中"经检验不合格的生猪产品，应当在兽医卫生检验人员的监督下，按照国家有关规定处理，并如实记录处理情况；处理情况记录保存期限不得少于 2 年"的规定。据此规定，对经肉品品质检验不合格的生猪产品未按照国家有关规定处理并如实记录处理情况的违法行为具体表现为：一是未在兽医卫生检验人员的监督下处理；二是未按照病死及病害动物无害化处理技术规范等规定的方式和技术处理；三是未如实记录处理情况；四是未按规定期限保存处理情况记录。上述违法行为应当按照本条第一款第五项的规定处理处罚。

（六）发生动物疫情时，生猪定点屠宰厂（场）未按照规定开展动物疫病检测的

该行为违反了本条例第十四条中"发生动物疫情时，应当按照国务院农业农村主管部门的规定，开展动物疫病检测，做好动物疫情排查和报告"的规定。据此规定，发生动物疫情时，生猪定点屠宰厂（场）未按照规定开展动物疫病检测的违法行为具体表现在：一是未开展动物疫病检测；二是虽然开展动物疫病检测，但不符合农业农村部的规定。如非洲猪瘟防控期间，生猪定点屠宰厂（场）没有按照规定的检测方法开展检测；再如用于生产饲料原料的猪血，在出厂（场）前生猪定点屠宰厂（场）没有按照国务院农业农村主管部门规定的频率和数量等开展检测。上述违法行为应当按照本条例第三十二条第二款的规定处理处罚。

五、适用本条应当注意的问题

1. 关于直接负责的主管人员和其他直接责任人员 根据本条第一款的规定，生猪定点屠宰厂（场）拒不改正本条第一款所列违法行为的，除对生猪定点屠宰厂（场）给予罚款的行政处罚外，还要对其直接负责的主管人员和其他直接责任人员给予处罚的行政处罚。需要说明的是，本条所称的"直接负责的主管人员"，一般是指生猪定点屠宰厂（场）在本条第一款所列的违法行为中起决定、批准、组织、策划、指挥、授意、纵容等作用的主管人员，主要指分管负责人，如果生猪定点屠宰厂（场）没有分管负责人，其法定代表人（负责人）为本条所称的"直接负责的主管人员"。本条所称的"其他直接责任人员"：对于生猪定点屠宰厂（场）的违法行为，一般是指在直接负责的主管人员的指挥、授意下积极参与实施单位违法或者对具体实施单位违法起较大作用的人员；对于个人的违法行为，一般是指具体的实施人员。

2. 关于责令改正 农业农村主管部门在给予警告行政处罚的同时，应当制作《责令改正通知书》责令生猪定点屠宰厂（场）改正相应的违法行为，违法行为无法立即改正的，应当按照需要改正的事项，明确合理的改正期限。

3. 关于责令停业整顿 在本条第一款中，通过停业整顿给予生猪定点屠宰厂（场）一定的时限，使其履行建立并遵守生猪进厂（场）查验登记制度和生猪产品出厂（场）记录制度、遵守国家规定的操作规程和技术要求以及生猪屠宰质量管理规范、严格执行消毒技术规范、签订并保存生猪委托屠宰协议、建立并遵守肉品品质检验制度、对经肉品品质检验不合格的生猪产品按照国家有关规定处理并如实记录处理情况等义务；在本条第二款中，通过停业整顿给予生猪定点屠宰厂（场）一定的期限购买动物疫病检测设备、招聘或培训技术人员，以期达到顺利开展动物疫病检测工作，履行本条例规定的疫病检测义务。生猪定点屠宰厂（场）在停业整顿期间应当积极进行整改，消除引起停业整顿的法律事由和因素，整顿期满后，农业农村主管部门视其整改情况决定恢复其屠宰生猪资格或者报请发证的设区的市级人民政府吊销生猪定点屠宰许可证书。

4. 关于"双罚制"　对本条第一款所列的五类违法行为，以及第二款规定的违法行为，设定的罚款是一种"双罚制"，即生猪定点屠宰厂（场）实施的违法行为，既对生猪定点屠宰厂（场）给予罚款处罚，又对生猪定点屠宰厂（场）的直接负责的主管人员和其他直接责任人员给予罚款处罚。在适用"双罚制"时应注意以下两个方面：一是"双罚制"只适用单位，不适用个人。因为对个人进行双罚，违反了《行政处罚法》规定的"一事不再罚原则"，因此只能对单位，即法人或其他组织适用双罚制。目前，生猪定点屠宰厂（场）登记的类型形式多样，既有登记为法人组织的，也有登记为个人合伙、个人独资企业等非法人组织的，还有的登记为个体工商户等多种类型。《民法典》将个体工商户和农村承包经营户归入个人；将个人合伙和个人独资企业归入非法人组织。据此规定，生猪定点屠宰厂（场）登记为个体工商户的，不能实行双罚。二是实施"双罚制"的法律文书应用。在实施"双罚制"时，既可以对生猪定点屠宰厂（场）及其直接负责的主管人员和其他直接责任人员制作一套卷宗，也可以分别对生猪定点屠宰厂（场）及其直接负责的主管人员和其他直接责任人员各自制作卷宗。但在制作一套卷宗时，相关法律文书中应当列明生猪定点屠宰厂（场）及其直接负责的主管人员和其他直接责任人员的全部信息，要根据当事人的人数，对生猪定点屠宰厂（场）和需要给予罚款处罚的直接负责的主管人员和其他直接责任人员分别送达相关法律文书，以充分保障当事人的合法权利。

第三十三条　违反本条例规定，生猪定点屠宰厂（场）出厂（场）未经肉品品质检验或者经肉品品质检验不合格的生猪产品的，由农业农村主管部门责令停业整顿，没收生猪产品和违法所得；货值金额不足

1 万元的，并处 10 万元以上 15 万元以下的罚款；货值金额 1 万元以上的，并处货值金额 15 倍以上 30 倍以下的罚款；对其直接负责的主管人员和其他直接责任人员处 5 万元以上 10 万元以下的罚款；情节严重的，由设区的市级人民政府吊销生猪定点屠宰证书，收回生猪定点屠宰标志牌，并可以由公安机关依照《中华人民共和国食品安全法》的规定，对其直接负责的主管人员和其他直接责任人员处 5 日以上 15 日以下拘留。

【理解与适用】本条是关于出厂（场）未经肉品品质检验或者经肉品品质检验不合格的生猪产品违法行为法律责任的规定。

一、本条的适用对象

本条的适用对象为生猪定点屠宰厂（场）及其直接负责的主管人员和其他直接责任人员。

二、本条规定的执法主体

处以责令停业整顿、没收生猪产品和违法所得以及罚款行政处罚的，由农业农村主管部门实施；处以吊销生猪定点屠宰证书行政处罚的，由颁发生猪定点屠宰证书的设区的市级人民政府实施；处以拘留行政处罚的，由公安机关实施。

三、本条规定的处罚种类及内容

1. 责令停业整顿　生猪定点屠宰厂（场）出厂（场）未经肉品品质检验或者经肉品品质检验不合格的生猪产品的，农业农村主管部门应当责令其停业整顿，通过责令其停业整顿的方式在一定期限内剥夺其生猪屠宰资格，减损其生产经营权益。需要说明的是，本条只规定了停业整顿，但未对停业整顿的期限作出明确规定，在执法中，农业农村主管部门应当合理确定停业整顿的具体期限。停业整顿的期限届满后，自然恢复屠宰活动。

2. 没收生猪产品和违法所得　本条所称的生猪产品，是指已经出厂（场）且未经肉品品质检验或者经肉品品质检验不合格的生猪产品。本条

所称的违法所得，是指销售未经肉品品质检验或者经肉品品质检验不合格
生猪产品的销售所得，包括成本和利润。需要说明的是，销售所得既包括
已收回的货款，又包括未收回的货款，均属于违法所得。需要说明的是，
根据《行政处罚法》第二十八条"当事人有违法所得，除依法应当退赔的
外，应当予以没收"的规定，生猪定点屠宰厂（场）对销售未经肉品品质
检验或者经肉品品质检验不合格的生猪产品，所获得的违法所得已经依法
退赔的，退赔的款项不再没收。

3. 罚款　本条设定的罚款处罚是"并罚"，且为"双罚制"，对生猪
定点屠宰厂（场）的违法行为应当与没收生猪产品和违法所得同时适用，
对生猪定点屠宰厂（场）实施行政处罚的同时，对其直接负责的主管人员
和其他直接责任人员也应当给予罚款处罚。对生猪定点屠宰厂（场）罚款
处罚的基数是"同类检疫合格及肉品品质检验合格的生猪、生猪产品的货
值金额，价格按市场价格计算"。对生猪定点屠宰厂（场）罚款处罚的数
额为"货值金额不足 1 万元的，并处 10 万元以上 15 万元以下的罚款"；
"货值金额 1 万元以上的，并处货值金额 15 倍以上 30 倍以下的罚款"，含
本数。对生猪定点屠宰厂（场）直接负责的主管人员和其他直接责任人员
罚款的数额为"5 万元以上 10 万元以下的罚款"，含本数。有关直接负责
的主管人员和其他责任人员的范围，详见第三十二条的相关内容；罚款处
罚的自由裁量权行使，以及罚款处罚中"双罚制"的适用等需要注意的事
项，详见第三十一条、第三十二条的相关内容，这里不再赘述。

4. 吊销生猪定点屠宰证书　生猪定点屠宰厂（场）出厂（场）未经
肉品品质检验或者经肉品品质检验不合格的生猪产品，农业农村主管部门
认为情节严重，应当给予生猪定点屠宰厂（场）吊销生猪定点屠宰证书行
政处罚的，应当报请发证的设区的市级人民政府实施。需要说明的是，本
条适用吊销生猪定点屠宰证书行政处罚的，违法行为必须达到情节严重的
程度，没有达到情节严重程度的，则不得给予吊销生猪定点屠宰证书的行
政处罚。有下列情形的，可以认定为情节严重。

（1）对生猪定点屠宰厂（场）出厂（场）未经肉品品质检验的生猪产
品，有下列情形之一的，可以认定为情节严重：①因本条的违法行为被追
究刑事法律责任的；②引发食品安全事故或者有引起食品安全事故风险
的；③用于食品消费经检测含有超出标准限量的致病性微生物、农药残

留、兽药残留、重金属、污染物质以及其他危害人体健康的物质；④违法行为涉及的生猪产品货值金额2万元以上或者违法行为持续时间3个月以上；⑤因本条的违法行为受到行政处罚后1年内又实施该违法行为，或者因食品安全犯罪受到刑事处罚后又实施该违法行为的；⑥其他情节严重的情形。

（2）对生猪定点屠宰厂（场）出厂（场）经肉品品质检验不合格的生猪产品，有下列情形之一的，可以认定为情节严重：①因本条的违法行为被追究刑事法律责任的；②引发食品安全事故或者有引起食品安全事故风险的；③违法行为涉及的生猪产品货值金额2万元以上；④因本条的违法行为受到行政处罚后1年内又实施该违法行为，或者因食品安全犯罪受到刑事处罚后又实施该违法行为的；⑤其他情节严重的情形。

5. 拘留 本条设定的拘留为行政拘留，是指公安机关对于违反治安管理处罚法的公民，在短期内限制其人身自由的一种处罚措施，是行政处罚中最严厉的处罚种类之一。行政拘留是限制公民人身自由的一种人身自由罚，因此只能对生猪定点屠宰厂（场）的法定代表人（负责人）实施。农业农村主管部门认为情节严重，应当给予生猪定点屠宰厂（场）直接负责的主管人员和其他直接责任人员行政拘留行政处罚的，应当将违法行为移送给当地公安机关实施拘留的行政处罚，并附具相关证据材料。

本条规定的"生猪定点屠宰厂（场）出厂（场）未经肉品品质检验或者经肉品品质检验不合格的生猪产品"的违法行为，属于《食品安全法》第一百二十三条第一款第四项规定的情形。《食品安全法》的法律位阶高，其效力高于本条例，为了保证法制的统一，故本条例规定："情节严重的，可以由公安机关依照《中华人民共和国食品安全法》的规定，对其直接负责的主管人员和其他直接责任人员处5日以上15日以下拘留。"公安机关对本条所列的情节严重的违法行为，应当根据《食品安全法》第一百二十三条第一款第四项的规定，对生猪定点屠宰厂（场）的直接负责的主管人员和其他直接责任人员实施行政拘留。需要说明的是：无论公安机关是否对生猪定点屠宰厂（场）直接负责的主管人员和其他直接责任人员实施行政拘留的处罚，都不影响农业农村主管部门对生猪定点屠宰厂（场）及其直接负责的主管人员和其他直接责任人员实施其他种类的行政处罚；此外，本条适用行政拘留处罚的，违法行为必须达到情节严重的程度，没有达到情节严重程度的，则不得给予拘留的行政处罚。

四、本条规定的违法行为

本条规定的应当追究法律责任的违法行为是指下列行为之一。

1. 出厂（场）未经肉品品质检验的生猪产品的　该行为违反了本条例第十五条第二款中"未经肉品品质检验或者经肉品品质检验不合格的生猪产品，不得出厂（场）"的规定。据此规定，出厂（场）未经肉品品质检验的生猪产品的违法行为具体表现为：第一，出厂（场）的生猪产品未经肉品品质检验；第二，出厂（场）的生猪产品在屠宰中肉品品质检验未与生猪屠宰同步进行；第三，出厂（场）的生猪产品未加盖肉品品质检验合格验讫印章，或者未附具肉品品质检验合格证。第二种情形同时违反本条例第十五条第一款中"肉品品质检验应当遵守生猪屠宰肉品品质检验规程，与生猪屠宰同步进行"的规定；第三种情形同时违反本条例第十五条第二款中"经肉品品质检验合格的生猪产品，生猪定点屠宰厂（场）应当加盖肉品品质检验合格验讫印章，附具肉品品质检验合格证"的规定。第二和第三种情形均构成两个违法行为，一个违法行为是屠宰生猪未遵守肉品品质检验制度，另一个违法行为是出厂（场）未经肉品品质检验的生猪产品。对此，应当分别依据本条例第三十二条第一款第四项和第三十三条的规定并罚。

2. 出厂（场）经肉品品质检验不合格的生猪产品的　该行为违反了本条例第十五条第二款中"未经肉品品质检验或者经肉品品质检验不合格的生猪产品，不得出厂（场）"的规定。据此规定，出厂（场）经肉品品质检验不合格的生猪产品的违法行为，应当按照本条例第三十三条的规定处理处罚。需要说明的是，出厂（场）经肉品品质检验不合格的生猪产品的违法行为，同时违反了本条例第十五条第二款中"经检验不合格的生猪产品，应当在兽医卫生检验人员的监督下，按照国家有关规定处理，并如实记录处理情况；处理情况记录保存期限不得少于2年"的规定，构成两个违法行为，一个违法行为是对经肉品品质检验不合格的生猪产品未按照国家有关规定处理，另一个违法行为是出厂（场）经肉品品质检验不合格的生猪产品。对此，应当分别依据本条例第三十二条第一款第五项和第三十三条的规定并罚。

第三十四条 生猪定点屠宰厂（场）依照本条例规定应当召回生猪产品而不召回的，由农业农村主管部门责令召回，停止屠宰；拒不召回或者拒不停止屠宰的，责令停业整顿，没收生猪产品和违法所得；货值金额不足 1 万元的，并处 5 万元以上 10 万元以下的罚款；货值金额 1 万元以上的，并处货值金额 10 倍以上 20 倍以下的罚款；对其直接负责的主管人员和其他直接责任人员处 5 万元以上 10 万元以下的罚款；情节严重的，由设区的市级人民政府吊销生猪定点屠宰证书，收回生猪定点屠宰标志牌。

委托人拒不执行召回规定的，依照前款规定处罚。

【理解与适用】本条是关于对应当召回生猪产品而不召回的违法行为法律责任的规定。

一、本条的适用对象

1. 第一款的适用对象 生猪定点屠宰厂（场）及其直接负责的主管人员和其他直接责任人员。

2. 第二款的适用对象 委托屠宰的委托人（以下简称"委托人"）及其直接负责的主管人员和其他直接责任人员。

二、本条规定的执法主体

责令召回和处以停止屠宰、责令停业整顿、没收生猪产品和违法所得以及罚款行政处罚的，由农业农村主管部门实施；处以吊销生猪定点屠宰证书行政处罚的，由颁发生猪定点屠宰证书的设区的市级人民政府实施。

三、本条规定的处罚种类及内容

1. 停止屠宰 停止屠宰属于责令停产停业的一种表现形式。由于责令停产停业的处罚将直接影响企业的生产与经营利益，是比较重的行政处罚种类，应当在行政处罚中告知当事人享有听证的权利，保障当事人的合法权益。需要说明的是，农业农村主管部门在给予责令停止屠宰的行政处罚时，应当合理确定停业整顿的具体期限，期限届满后生猪定点屠宰厂

（场）自动恢复生猪屠宰活动，无须再以书面形式通知其恢复生猪屠宰活动。

2. 责令停业整顿　生猪定点屠宰厂（场）拒不召回应当召回的生猪产品，或者因该违法行为被给予停止屠宰的行政处罚后，在停止屠宰期间拒不停止屠宰活动的，农业农村主管部门应当责令其停业整顿，通过责令其停业整顿的方式在一定期限内剥夺其生猪屠宰资格，减损其生产经营权益。需要说明的有三个问题：一是拒不召回应当召回的生猪产品，或者因该违法行为被给予停止屠宰的行政处罚后，在停止屠宰期间拒不停止屠宰活动的，是适用责令停业整顿的前提条件。二是本条只规定了停业整顿，但未对停业整顿的期限作出明确规定，对于拒不召回应当召回生猪产品的，应当明确停业整顿的具体期限。三是对于给予停止屠宰的行政处罚后，在停止屠宰的期间拒不停止屠宰活动的，其危害相对较大，因此在确定停业整顿的期限时，应当大于停止屠宰的期限，以体现停业整顿的惩罚性。在停业整顿期间，仍拒不召回应当召回的生猪产品，或者仍不停止屠宰活动的，属于本条规定的情节严重的情形。

3. 没收生猪产品和违法所得　本条所称的生猪产品，是指经肉品品质检验合格后，发现不符合食品安全标准、有证据证明可能危害人体健康或者染疫、疑似染疫的生猪产品，包括已销售和未销售的。需要说明的，生猪定点屠宰厂（场）在肉品品质检验中发现不符合食品安全标准、有证据证明可能危害人体健康或者染疫、疑似染疫的生猪产品，经肉品品质检验为不合格应当进行无害化处理而未处理予以出厂（场）销售的，不适用本条实施行政处罚。其中，将染疫、疑似染疫的生猪产品出厂（场）销售的，按《动物防疫法》第九十七条进行处罚；将经肉品品质检验不合格的生猪产品出厂（场）销售的，按本条例第三十三条进行处罚。本条所称的违法所得，是指生猪定点屠宰厂（场）委托人销售应当召回而不召回的不符合食品安全标准、有证据证明可能危害人体健康或者染疫、疑似染疫的生猪产品的销售所得，包括成本和利润。销售所得既包括已收回的货款，又包括未收回的货款，均属于违法所得。需要说明的是，根据《行政处罚法》第二十八条"当事人有违法所得，除依法应当退赔的外，应当予以没收"的规定，生猪定点屠宰厂（场）对应当召回而不召回的生猪产品，所获得的违法所得已经依法退赔的，退赔的款项不再没收。

4. 罚款 本条设定的罚款处罚是"并罚"，且为"双罚制"，对生猪定点屠宰厂（场）或者委托人的违法行为应当与没收生猪产品和违法所得同时适用。对生猪定点屠宰厂（场）或委托人实施行政处罚的同时，对其直接负责的主管人员和其他直接责任人员也应当给予罚款处罚，但生猪定点屠宰厂（场）、委托人登记为个体工商户或者委托人未进行营业登记的除外。对生猪定点屠宰厂（场）或者委托人罚款处罚的基数是"同类检疫合格及肉品品质检验合格的生猪、生猪产品的货值金额，价格按市场价格计算"；对生猪定点屠宰厂（场）或者委托人罚款处罚的数额为"货值金额不足1万元的，并处5万元以上10万元以下的罚款"；"货值金额1万元以上的，并处货值金额10倍以上20倍以下的罚款"，含本数。对生猪定点屠宰厂（场）或者委托人的直接负责的主管人员和其他直接责任人员罚款处罚的数额为"5万元以上10万元以下的罚款"，含本数。有关直接负责的主管人员和其他直接责任人员的范围，详见第三十二条的相关内容；罚款处罚的自由裁量权行使，以及罚款处罚中"双罚制"的适用等需要注意的事项，详见第三十一条、第三十二条的相关内容，这里不再赘述。

5. 吊销生猪定点屠宰证书 生猪定点屠宰厂（场）对发现其生产的生猪产品不符合食品安全标准、有证据证明可能危害人体健康或者染疫、疑似染疫的生猪产品应当召回而不召回，农业农村主管部门认为情节严重，应当给予生猪定点屠宰厂（场）吊销生猪定点屠宰证书行政处罚的，应当报请发证的设区的市级人民政府实施。需要说明的是，本条适用吊销生猪定点屠宰证书行政处罚的，违法行为必须达到情节严重的程度，没有达到情节严重程度的，则不得给予吊销生猪定点屠宰证书的行政处罚。有下列情形之一的，可以认定为情节严重：①引发食品安全事故；②引发动物疫情的；③违法行为涉及的生猪产品货值金额2万元以上或者违法行为持续时间3个月以上；④因本条的违法行为受到行政处罚后1年内又实施该违法行为，或者因食品安全犯罪受到刑事处罚后又实施该违法行为的；⑤在停业整顿期间，仍拒不召回应当召回的生猪产品，或者仍不停止屠宰活动的；⑥其他情节严重的情形。

四、本条规定的违法行为

本条规定的应当追究法律责任的违法行为是指下列行为之一。

1. 生猪定点屠宰厂（场）对发现其生产的生猪产品不符合食品安全标准、有证据证明可能危害人体健康或者染疫、疑似染疫而不召回的 该行为违反了本条例第十八条第一款的规定："生猪定点屠宰厂（场）发现其生产的生猪产品不符合食品安全标准、有证据证明可能危害人体健康或者染疫、疑似染疫的，应当立即停止屠宰，报告农业农村主管部门，通知销售者或者委托人，召回已经销售的生猪产品，并记录通知和召回情况。"据此规定，生猪定点屠宰场应当召回而不召回生猪产品的违法行为具体表现为：第一，生猪定点屠宰厂（场）发现其生产的生猪产品不符合食品安全标准、有证据证明可能危害人体健康或者染疫、疑似染疫而不召回的；第二，生猪定点屠宰厂（场）发现其生产的生猪产品不符合食品安全标准、有证据证明可能危害人体健康或者染疫、疑似染疫而不通知销售者召回的；第三，生猪定点屠宰厂（场）发现其生产的生猪产品不符合食品安全标准、有证据证明可能危害人体健康或者染疫、疑似染疫而不通知委托人召回的。

2. 委托人拒不执行召回规定的 该行为违反了本条例第十八条第一款的规定："生猪定点屠宰厂（场）发现其生产的生猪产品不符合食品安全标准、有证据证明可能危害人体健康或者染疫、疑似染疫的，应当立即停止屠宰，报告农业农村主管部门，通知销售者或者委托人，召回已经销售的生猪产品，并记录通知和召回情况。"据此规定，生猪定点屠宰厂（场）通知委托人后，委托人拒不执行召回规定的违法行为具体表现为：第一，不召回生猪定点屠宰厂（场）受托屠宰的不符合食品安全标准的生猪产品的；第二，不召回生猪定点屠宰厂（场）受托屠宰的有证据证明可能危害人体健康的生猪产品的；第三，不召回生猪定点屠宰厂（场）受托屠宰的染疫、疑似染疫的生猪产品的。

五、适用本条应当注意的问题

1. 关于责令召回 生猪屠宰活动中，根据生猪产品召回程序的启动方式，生猪产品的召回可分为生猪定点屠宰厂（场）主动召回和农业农村主管部门强制召回两种。本条所称的责令召回为农业农村主管部门强制召回，是指生猪定点屠宰厂（场）不履行主动召回义务时，由农业农村主管部门强制其召回的行政管理活动，属于行政命令，不属于行政处罚的种类。需要说明的有两个问题：一是强制召回的方式由农业农村主管部门以书面的形式实施，即以书面形式通知生猪定点屠宰厂（场）责令其召回不符合食品安全标准、有证据证明可能危害人体健康或者染疫、疑似染疫的生猪产品；二是通知销售者和委托人召回的义务主体为生猪定点屠宰厂（场），由其通知销售者或委托人召回不符合食品安全标准、有证据证明可能危害人体健康或者染疫、疑似染疫的生猪产品。

2. 关于本条罚款、没收生猪产品以及违法所得和吊销生猪屠宰证书的适用 按照本条的规定，只有在生猪定点屠宰厂（场）拒不召回或者拒不停止生猪屠宰活动时，才能给予生猪定点屠宰厂（场）罚款、没收生猪产品以及违法所得或吊销生猪屠宰证书的行政处罚。对于委托人，只有在拒不执行召回规定时，才给予罚款、没收生猪产品以及违法所得的行政处罚。因此，生猪定点屠宰厂（场）拒不召回或者拒不停止生猪屠宰活动，是给予其罚款、没收生猪产品以及违法所得或吊销生猪屠宰证书行政处罚的必要条件；委托人拒不执行召回规定，是给予其罚款、没收生猪产品以及违法所得行政处罚的必要条件。需要说明的是，生猪定点屠宰厂（场）发现其生产的生猪产品不符合食品安全标准、有证据证明可能危害人体健康或者染疫、疑似染疫后已经销售的，生猪定点屠宰厂（场）通知销售者后，销售者拒不执行召回规定的，对销售者不适用本条实施行政处罚。农业农村主管部门应当将销售者拒不执行召回规定的行为通报当地食品安全监督管理部门，由食品安全监督管理部门按照《食品安全法》的有关规定处理处罚。

第三十五条 违反本条例规定，生猪定点屠宰厂（场）、其他单位和个人对生猪、生猪产品注水或者注入其他物质的，由农业农村主管部门没收注水或者注入其他物质的生猪、生猪产品、注水工具和设备以及违法所得；货值金额不足1万元的，并处5万元以上10万元以下的罚款；货值金额1万元以上的，并处货值金额10倍以上20倍以下的罚款；对生猪定点屠宰厂（场）或者其他单位的直接负责的主管人员和其他直接责任人员处5万元以上10万元以下的罚款。注入其他物质的，还可以由公安机关依照《中华人民共和国食品安全法》的规定，对其直接责任的主管人员和其他直接责任人员处 5 日以上 15 日以下拘留。

生猪定点屠宰厂（场）对生猪、生猪产品注水或者注入其他物质的，除依照前款规定处罚外，还应当由农业农村主管部门责令停业整顿；情节严重的，由设区的市级人民政府吊销生猪定点屠宰证书，收回生猪定点屠宰标志牌。

【理解与适用】本条是关于对生猪、生猪产品注水或者注入其他物质违法行为法律责任的规定。

一、本条的适用对象

本条的适用对象为生猪定点屠宰厂（场）和生猪定点屠宰厂（场）以外的单位及其直接负责的主管人员和其他直接责任人员，以及个人。

二、本条规定的执法主体

处以没收注水或者注入其他物质的生猪、生猪产品、注水工具和设备、违法所得和罚款以及责令停业整顿行政处罚的，由农业农村主管部门实施；处以吊销生猪定点屠宰证书行政处罚的，由颁发生猪定点屠宰证书的设区的市级人民政府实施；处以拘留行政处罚的，由公安机关实施。

三、本条规定的处罚种类及内容

1. 没收注水或者注入其他物质的生猪、生猪产品、注水工具和设备以及违法所得 没收注水或者注入其他物质的生猪、生猪产品、注水工具和设备以及违法所得属于没收违法所得和没收非法财物的一种表现形式，是《行政处罚法》规定的行政处罚种类之一。注水工具和设备包括对生猪注水或注入其他物质，以及对生猪产品注水或者注入其他物质所使用的所有工具和设备。本条所称的违法所得，是指生猪定点屠宰厂（场）以及生猪定点屠宰厂（场）以外的单位和个人销售注水或者注入其他物质的生猪、生猪产品的销售所得，以及单纯提供注水服务获取的报酬，包括成本和利润，均属于违法所得。需要说明的是，根据《行政处罚法》第二十八条"当事人有违法所得，除依法应当退赔的外，应当予以没收"的规定，生猪定点屠宰厂（场）以及生猪定点屠宰厂（场）以外的单位和个人销售注水或者注入其他物质的生猪、生猪产品，所获得的违法所得已经依法退赔的，退赔的款项不再没收。

2. 罚款　本条设定的罚款处罚是"并罚"，且对生猪定点屠宰厂（场）和生猪定点屠宰厂（场）以外的单位及其直接负责的主管人员和其他直接责任人员实行"双罚制"。对于生猪定点屠宰厂（场）以及生猪定点屠宰厂（场）以外的单位和个人对生猪注水或者注入其他物质的违法行为，应当与没收生猪、生猪产品、注水工具和设备以及违法所得同时适用。对生猪定点屠宰厂（场）和生猪定点屠宰厂（场）以外的单位实施行政处罚的同时，对其直接负责的主管人员和其他直接责任人员也应当给予罚款处罚。对于生猪定点屠宰厂（场）以及生猪定点屠宰厂（场）以外的单位和个人罚款处罚的基数是"同类检疫合格及肉品品质检验合格的生猪、生猪产品的货值金额，价格按市场价格计算"；对生猪定点屠宰厂（场）以及生猪定点屠宰厂（场）以外的单位和个人罚款处罚的数额为"货值金额不足 1 万元的，并处 5 万元以上 10 万元以下的罚款"；"货值金额 1 万元以上的，并处货值金额 10 倍以上 20 倍以下的罚款"，含本数。对生猪定点屠宰厂（场）和生猪定点屠宰厂（场）以外的单位的直接负责的主管人员和其他直接责任人员罚款处罚的数额为"5 万元以上 10 万元以下的罚款"，含本数。有关直接负责的主管人员和其他直接责任人员的范围，详见第三十二条的相关内容；罚款处罚的自由裁量权行使，以及罚款处罚中"双罚制"的适用等需要注意的事项，详见第三十一条、第三十二条的相关内容，这里不再赘述。

3. 责令停业整顿　生猪定点屠宰厂（场）对生猪、生猪产品注水或者注入其他物质的，除给予没收注水或者注入其他物质的生猪、生猪产品、注水工具和设备、违法所得和罚款外，还应当由农业农村主管部门依照本条第二款的规定，同时给予其责令停业整顿的行政处罚，通过责令其停业整顿的方式在一定期限内剥夺其生猪屠宰资格，减损其生产经营权益。需要说明的是，本条只规定了停业整顿，但未对停业整顿的期限作出明确规定，在执法中，农业农村主管部门应当合理确定停业整顿的具体期限。在停业整顿期间，又对生猪、生猪产品注水或注入其他物质的，属于本条第二款规定的情节严重的情形。停业整顿的期限届满后，自然恢复屠宰活动。

4. 吊销生猪定点屠宰证书　生猪定点屠宰厂（场）对生猪、生猪产品注水或者注入其他物质的违法行为，农业农村主管部门认为情节严重，应当给予生猪定点屠宰厂（场）吊销生猪定点屠宰证书行政处罚的，应当报请发证的设区的市级人民政府实施。需要说明的是，本条适用吊销生猪定点屠宰证书行政处罚的，违法行为必须达到情节严重的程度，没有达到情节严重程度的，则不得给予吊销生猪定点屠宰证书的行政处罚。生猪定点屠宰厂（场）对生猪、生猪产品注水或者注入其他物质，有下列情形之一的，可以认定为情节严重：①因本条的违法行为被追究刑事法律责任的；②引发食品安全事故或者有引起食品安全事故风险的；③违法行为涉及的生猪、生猪产品货值金额 2 万元以上或者违法行为持续时间 3 个月以上；④在停业整顿期间，又对生猪、生猪产品注水或注入其他物质的；⑤因本条的违法行为受到行政处罚后 1 年内又实施该违法行为，或者因食品安全犯罪受到刑事处罚后又实施该违法行为的；⑥其他情节严重的情形。

5. 拘留　生猪定点屠宰厂（场）以及生猪定点屠宰厂（场）以外的单位和个人对生猪、生猪产品注入其他物质的违法行为，农业农村主管部门应当将违法行为移送给当地公安机关对其直接负责的主管人员和其他直接责任人员以及个人实施拘留的行政处罚，并附具相关证据材料。

本条规定的"对生猪、生猪产品注入其他物质"的违法行为，属于《食品安全法》第一百二十三条第一款第一项规定的情形，该条对情节严重的违法行为设定了拘留的行政处罚种类。公安机关对"对生猪、生猪产品注入其他物质"情节严重的违法行为，应当根据《食品安全法》第一百二十三条第一款第一项的规定，对生猪定点屠宰厂（场）和生猪定点屠宰厂（场）以外的单位的直接负责的主管人员和其他直接责任人员实施行政拘留。需要说明的有两个问题：一是无论公安机关是否对生猪定点屠宰厂（场）和生猪定点屠宰厂（场）以外的单位的直接负责的主管人员和其他直接责任人员以及个人实施行政拘留的行政处罚，都不影响农业农村主管部门对生猪定点屠宰厂（场）和生猪定点屠宰厂（场）以外的单位及其直接负责的主管人员和其他直接责任人员以及个人实施其他种类的行政处罚；二是本条适用行政拘留处罚的，违法行为必须是对生猪、生猪产品注入其他物质，仅对生猪、生猪产品注水的，则不得给予拘留的行政处罚。

四、本条规定的违法行为

本条规定的应当追究法律责任的违法行为是指下列行为之一。

1. 对生猪、生猪产品注水的 该行为违反了本条例第二十条第一款规定："严禁生猪定点屠宰厂（场）以及其他任何单位和个人对生猪、生猪产品注水或者注入其他物质。"据此规定，对生猪、生猪产品注水的违法行为具体表现为：第一，对生猪注水；第二，对生猪产品注水。

2. 对生猪、生猪产品注入其他物质的 该行为同样违反了本条例第二十条第一款规定。据此规定，对生猪、生猪产品注入其他物质的违法行为具体表现为：第一，对生猪注入其他物质；第二，对生猪产品注入其他物质。本条所称的"其他物质"包括但不限于药物或者化学物质。

需要说明的有两个问题：一是生猪定点屠宰厂（场）对生猪注水或者注入其他物质后，又屠宰注水或者注入其他物质的生猪，同时违反了本条例第二十条第二款"严禁生猪定点屠宰厂（场）屠宰注水或者注入其他物质的生猪"的规定，构成两个违法行为，一个违法行为是对生猪注水或者注入其他物质，另一个违法行为是屠宰注水或者注入其他物质的生猪。对此，应当分别依据本条例第三十五条和第三十六条的规定并罚。二是生猪定点屠宰厂（场）以外的单位和个人对生猪注水或者注入其他物质后，又屠宰注水或者注入其他物质的生猪，同时违反了本条例第二条第二款"除农村地区个人自宰自食的不实行定点屠宰外，任何单位和个人未经定点不得从事生猪屠宰活动"的规定，构成两个违法行为，一个违法行为是对生猪注水或者注入其他物质，另一个违法行为是未经定点从事生猪屠宰活动。对此，应当分别依据本条例第三十一条第一款和第三十五条第一款的规定并罚。

五、适用本条应当注意的问题

1. 关于直接负责的主管人员和其他直接责任人员 本条所称的"直接负责的主管人员"，一般是指生猪定点屠宰厂（场）和生猪定点屠宰厂（场）以外的单位，在对生猪、生猪产品实施注水或者注入其他物质的违法行为中起决定、批准、组织、策划、指挥、授意、纵容等作用的主管人员，主要是指分管负责人，但是生猪定点屠宰厂（场）没有分管负责人，其法定代表人（负责人）为本条所称的"直接负责的主管人员"。本条所称的"其他直接责任人员"：对于生猪定点屠宰厂（场）和生猪定点屠宰厂（场）以外的单位的违法行为，一般是指在直接负责的主管人员的指挥、授意下积极参与实施单位违法或者对具体实施单位违法起较大作用的人员；对于个人的违法行为，一般是指具体实施注水或其他物质的人员。

2. 责令停业整顿　本条第二款规定的"责令停业整顿"行政处罚，仅适用于生猪定点屠宰厂（场），不适用于生猪定点屠宰厂（场）以外的单位和个人。

第三十六条　违反本条例规定，生猪定点屠宰厂（场）屠宰注水或者注入其他物质的生猪的，由农业农村主管部门责令停业整顿，没收注水或者注入其他物质的生猪、生猪产品和违法所得；货值金额不足 1 万元的，并处 5 万元以上 10 万元以下的罚款；货值金额 1 万元以上的，并处货值金额 10 倍以上 20 倍以下的罚款；对其直接负责的主管人员和其他直接责任人员处 5 万元以上 10 万元以下的罚款；情节严重的，由设区的市级人民政府吊销生猪定点屠宰证书，收回生猪定点屠宰标志牌。

【理解与适用】 本条是关于对生猪定点屠宰厂（场）屠宰注水或者注入其他物质生猪违法行为法律责任的规定。

一、本条的适用对象

本条的适用对象为生猪定点屠宰厂（场）及其直接负责的主管人员和其他直接责任人员。

二、本条规定的执法主体

处以停业整顿、没收注水或者注入其他物质的生猪、生猪产品以及违法所得和罚款行政处罚的，由农业农村主管部门实施；处以吊销生猪定点屠宰证书行政处罚的，由颁发生猪定点屠宰证书的设区的市级人民政府实施。

三、本条规定的处罚种类及内容

1. 责令停业整顿　生猪定点屠宰厂（场）屠宰注水或者注入其他物质的生猪的，由农业农村主管部门给予责令停业整顿的行政处罚，通过责令其停业整顿的方式在一定期限内剥夺其生猪屠宰资格，减损其生产经营权益。需要说明的是，本条只规定了停业整顿，但未对停业整顿的期限作出明确规定，在执法中，农业农村主管部门应当合理确定停业整顿的具体期限；停业整顿的期限届满后，自然恢复屠宰活动。在停业整顿期间，又实施屠宰注水或者注入其他物质的生猪的，属于本条规定的情节严重的情形。

2. 没收注水或者注入其他物质的生猪、生猪产品以及违法所得　没收注水或者注入其他物质的生猪、生猪产品以及违法所得属于没收违法所得和没收非法财物的一种表现形式，是《行政处罚法》规定的行政处罚种类之一。本条所称的违法所得，是指生猪定点屠宰厂（场）销售注水或者注入其他物质的生猪、生猪产品的销售所得，以及从事委托屠宰所收取的代宰费用，包括成本和利润，均属于违法所得。需要说明的是，根据《行政处罚法》第二十八条"当事人有违法所得，除依法应当退赔的外，应当予以没收"的规定，生猪定点屠宰厂（场）屠宰注水或者注入其他物质的生猪所获得的违法所得已经依法退赔的，退赔的款项不再没收。

3. 罚款　本条设定的罚款处罚是"并罚"，且对生猪定点屠宰厂（场）及其直接负责的主管人员和其他直接责任人员实行"双罚制"。对于生猪定点屠宰厂（场）屠宰注水或者注入其他物质生猪的违法行为，应当与没收注水或者注入其他物质的生猪、生猪产品以及违法所得同时适用。对生猪定点屠宰厂（场）实施行政处罚的同时，对其直接负责的主管人员和其他直接责任人员也应当给予罚款处罚。对生猪定点屠宰厂（场）罚款处罚的基数是"同类检疫合格及肉品品质检验合格的生猪、生猪产品的货值金额，价格按市场价格计算"；对生猪定点屠宰厂（场）罚款处罚的数额为"货值金额不足 1 万元的，并处 5 万元以上 10 万元

以下的罚款";"货值金额 1 万元以上的,并处货值金额 10 倍以上 20 倍
以下的罚款",含本数。对生猪定点屠宰厂(场)的直接负责的主管人
员和其他直接责任人员罚款处罚的数额为"5 万元以上 10 万元以下的
罚款",含本数。直接负责的主管人员和其他直接责任人员的范围,详
见第三十二条的相关内容;罚款处罚的自由裁量权行使,以及罚款处罚
中"双罚制"的适用等需要注意的事项,详见第三十一条、第三十二条
的相关内容,这里不再赘述。

4. 吊销生猪定点屠宰证书　生猪定点屠宰厂(场)屠宰注水或者
注入其他物质生猪的违法行为,农业农村主管部门认为情节严重,应当
给予生猪定点屠宰厂(场)吊销生猪定点屠宰证书行政处罚的,应当报
请发证的设区的市级人民政府实施。需要说明的是,本条适用吊销生猪
定点屠宰证书行政处罚的,违法行为必须达到情节严重的程度,没有达
到情节严重程度的,则不得给予吊销生猪定点屠宰证书的行政处罚。对
生猪定点屠宰厂(场)屠宰注水或者注入其他物质的生猪,有下列情形
之一的,可以认定为情节严重:①因本条的违法行为被追究刑事法律责
任的;②引发食品安全事故或者有引起食品安全事故风险的;③违法行
为涉及的生猪产品货值金额 2 万元以上或者违法行为持续时间 3 个月以
上;④在停业整顿期间,又实施屠宰注水或者注入其他物质的生猪的;
⑤因本条的违法行为受到行政处罚后 1 年内又实施该违法行为,或者因
食品安全犯罪受到刑事处罚后又实施该违法行为的;⑥其他情节严重的
情形。

四、本条规定的违法行为

本条规定的应当追究法律责任的违法行为是指下列行为之一。

1. 屠宰注水生猪的　该行为违反了本条例第二十条第二款规定:
"严禁生猪定点屠宰厂(场)屠宰注水或者注入其他物质的生猪。"据此
规定,屠宰注水的生猪的违法行为具体表现为:屠宰注水的生猪,包括
自宰和委托屠宰的生猪。

2. 屠宰注入其他物质的生猪的　该行为同样违反了本条例第二十
条第二款规定。据此规定,屠宰注入其他物质的生猪的违法行为具体表
现为:屠宰注入其他物质的生猪,包括自宰和委托屠宰的生猪。

第三十七条 违反本条例规定，为未经定点违法从事生猪屠宰活动的单位和个人提供生猪屠宰场所或者生猪产品储存设施，或者为对生猪、生猪产品注水或者注入其他物质的单位和个人提供场所的，由农业农村主管部门责令改正，没收违法所得，并处 5 万元以上 10 万元以下的罚款。

【理解与适用】 本条是关于为违法生猪屠宰活动提供场所的违法行为法律责任的规定。

一、本条的适用对象

本条的适用对象是为未经定点从事生猪屠宰活动的违法行为，提供生猪屠宰场所或者生猪产品储存设施的单位和个人；以及为对生猪、生猪产品注水或者注入其他物质的违法行为，提供场所的单位和个人。

二、本条规定的执法主体

责令改正和处以没收违法所得和罚款行政处罚的，由农业农村主管部门实施。

三、本条规定的处罚种类及内容

1. 没收违法所得 本条所称的违法所得，是指为未经定点违法从事生猪屠宰活动的单位和个人提供生猪屠宰场所或者生猪产品储存设施，或者为对生猪、生猪产品注水或者注入其他物质的单位和个人提供场所而获得的费用，包括成本和利润，均属于违法所得。提供场所的方式有出租、出借等形式。出租场所或者储存设施获得的租金为违法所得，而出借后使用人通常是无偿使用，不产生违法所得。本条适用中，没有违法所得的，则不给予没收违法所得的处罚，但无论是否给予没收违法所得的处罚，都不影响本条罚款处罚的适用。

2. 罚款 本条设定的罚款处罚是"并罚"，即对为未经定点从事生猪屠宰活动的违法行为提供生猪屠宰场所或者生猪产品储存设施的单位和个人，以及为对生猪、生猪产品注水或者注入其他物质的违法行为提供场所的单位和个人进行罚款处罚，应当与没收违法所得同时适用。但提供场所或者储存设施的单位和个人，没有违法所得的，不影响罚款处罚的适用。对提供场所或者储存设施的单位和个人罚款处罚的数额为"5 万元以上10 万元以下的罚款"，含本数。罚款处罚的自由裁量权行使，以及罚款处罚适用等需要注意的事项，详见第三十一条、第三十二条的相关内容，这里不再赘述。

四、本条规定的违法行为

本条规定的应当追究法律责任的违法行为是指下列行为之一。

1. 为未经定点违法从事生猪屠宰活动的单位和个人提供生猪屠宰场所或者生猪产品储存设施的 该行为违反了本条例第二十二条规定："任何单位和个人不得为未经定点违法从事生猪屠宰活动的单位和个人提供生猪屠宰场所或者生猪产品储存设施，不得为对生猪、生猪产品注水或者注入其他物质的单位和个人提供场所。"据此规定，为未经定点违法从事生猪屠宰活动的单位和个人提供生猪屠宰场所或者生猪产品储存设施的违法行为具体表现为：第一，为未经定点违法从事生猪屠宰活动的单位和个人提供生猪屠宰场所；第二，为未经定点违法从事生猪屠宰活动的单位和个人提供生猪产品储存设施。

2. 为对生猪、生猪产品注水或者注入其他物质的单位和个人提供场所的 该行为同样违反了本条例第二十二条规定。据此规定，违法行为具体表现为：第一，为对生猪注水或者注入其他物质的单位和个人提供场所；第二，为对生猪产品注水或者注入其他物质的单位和个人提供场所。

五、适用本条应当注意的问题

本条规定的"责令改正"属于行政命令，不属于行政处罚的种类，其目的是命令为未经定点违法从事生猪屠宰活动的单位和个人提供生猪屠宰场所或者生猪产品储存设施，或者为对生猪、生猪产品注水或者注入其他物质的单位和个人提供场所的违法行为人纠正本条所列的违法行为。农业农村主管部门在给予行政处罚的同时，应当制作《责令改正通知书》责令提供场所或者储存设施的单位和个人改正相应的违法行为。

第三十八条 违反本条例规定，生猪定点屠宰厂（场）被吊销生猪定点屠宰证书的，其法定代表人（负责人）、直接负责的主管人员和其他直接责任人员自处罚决定作出之日起5年内不得申请生猪定点屠宰证书或者从事生猪屠宰管理活动；因食品安全犯罪被判处有期徒刑以上刑罚的，终身不得从事生猪屠宰管理活动。

【理解与适用】本条是关于被吊销生猪定点屠宰证书或者追究刑事法律责任的生猪定点屠宰厂（场）的法定代表人（负责人）、直接负责的主管人员和其他直接责任人员不得申请生猪定点屠宰证书，以及不得从事生猪屠宰管理活动工作的法律责任的规定。

一、本条的适用对象

本条的适用对象：一是被吊销生猪定点屠宰证书的生猪定点屠宰厂（场）的法定代表人（负责人）、直接负责的主管人员和其他直接责任人员；二是因食品安全犯罪被追究刑事法律责任的生猪定点屠宰厂（场）的法定代表人（负责人）、直接负责的主管人员和其他直接责任人员。

二、本条规定的执法主体

本条规定的执法主体为设区的市级人民政府。

三、本条规定的法律责任

1. 被吊销生猪定点屠宰证书的生猪定点屠宰厂（场）法定代表人（负责人）、直接负责的主管人员和其他直接责任人员的法律责任 被吊销生猪定点屠宰证书的生猪定点屠宰厂（场）法定代表人（负责人）、直接负责的主管人员和其他直接责任人员自处罚决定作出之日起5年内不得申请生猪定点屠宰证书，或者从事生猪屠宰管理活动。这是对有严重违法行为的生猪定点屠宰厂（场）法定代表人（负责人）、直接负责的主管人员和其他直接责任人员给予资格处罚的规定。生猪定点屠宰厂（场）对其生产的生猪产品质量安全负责，应当对其屠宰的生猪和出厂（场）的生猪产品承担责任。如果生猪定点屠宰厂（场）违法从事生猪屠宰活动，造成严重的危害后果，依法被吊销生猪定点屠宰证书的，在此情况下，要对生猪定点屠宰厂（场）法定代表人（负责人）、直接负责的主管人员和其他直接责任人员给予5年内不得申请生猪定点屠宰证书或者从事生猪屠宰管理活动的行政处罚。本条规定该行政处罚，主要考虑到生猪定点屠宰厂（场）出现严重的违法行为，其法定代表人（负责人）、直接负责的主管人员和其他直接责任人员往往难辞其咎，说明管理上有重大的失职行为或者管理能力和水平有严重的不足。例如，生猪定点屠宰厂（场）屠宰生猪未按照规定建立并遵守肉品品质检验制度，疏于对兽医卫生检验人员进行生猪产品质量安全知识的培训，或者没有配备兽医卫生检验人员，没有做好对所屠宰生猪的肉品品质检验工作，进而导致出现违法屠宰生猪的行为，造成严重危害后果。因此，这样的管理人员和直接责任人员在一定期限内不再适合从事生猪屠宰的管理和具体工作。本条之所以规定被吊销生猪定点屠宰证书的生猪定点屠宰厂（场）的法定代表人（负责人）、直接负责的主管人员和其他直接责任人员的法律责任，目的在于督促生猪定点屠宰厂（场）的法定代表人（负责人）、直接负责的主管人员要认真负起管理责任，其他直接责任人员要遵守法律规范的规定，确保生猪定点屠宰厂（场）能够守法从事生猪屠宰活动，在从事生猪屠宰活动中重质量、重信誉、重自律，形成确保生猪产品质量安全的长效机制。

需要说明的是，按照本条例第三十条、第三十一条第三款、第三十二条、第三十三条、第三十四条、第三十五条第二款或者第三十六条的规定，给予生猪定点屠宰厂（场）吊销生猪定点屠宰证书行政处罚的，设区的市级人民政府还应当按照本条给予生猪定点屠宰厂（场）法定代表人（负责人）、直接负责的主管人员和其他直接责任人员5年内不得申请生猪定点屠宰证书或者从事生猪屠宰管理活动的行政处罚。

2. 生猪定点屠宰厂（场）的法定代表人（负责人）、直接负责的主管人员和其他直接责任人员因食品安全犯罪被追究刑事责任后的法律责任 我国刑罚主刑的种类分为管制、拘役、有期徒刑、无期徒刑和死刑五种。根据本条规定，生猪定点屠宰厂（场）的法定代表人（负责人）、直接负责的主管人员和其他直接责任人员，因食品安全犯罪被判处有期徒刑（包括宣告缓刑）、无期徒刑和死刑刑罚的，终身不得从事生猪屠宰管理活动。这是对有严重违法行为且构成犯罪的生猪定点屠宰厂（场）的法定代表人

（负责人）、直接负责的主管人员和其他直接责任人员给予资格处罚的规定。"民以食为天，食以安为先。"食品安全事关人民群众切身利益，食品安全犯罪严重危害人民群众身体健康和生命安全，严重扰乱社会主义市场经济秩序，严重影响社会和谐稳定，严重损害党和政府的形象。从执法实践的情况看，当前食品安全形势仍然十分严峻，重大、恶性食品安全犯罪案件时有发生，一些不法犯罪分子顶风作案，例如相继出现的瘦肉精、毒奶粉、毒豆芽、地沟油、问题胶囊、病死猪肉、对生猪注水或注入其他物质等系列案件，人民群众对此反映强烈。为充分运用法律武器严厉惩治危害食品安全犯罪，有效遏制危害食品安全犯罪的猖獗势头，本条对因食品安全犯罪被判处有期徒刑以上刑罚的人员，规定其终身不得从事生猪屠宰管理活动，剥夺其再犯能力和条件，进一步加大了对危害食品安全犯罪的打击力度，在全社会形成预防和惩治危害食品安全犯罪的良好氛围。

需要说明的是，本条所称的"法定代表人"，是指依据法律或者法人章程规定，代表法人行使职权的负责人。只有具备法人资格的生猪定点屠宰企业，其负责人才能称之为"法定代表人"，如依据《中华人民共和国公司法》设立的生猪定点屠宰企业，其法定代表人为董事长或者执行董事或经理。本条所称的"负责人"，是指不具备法人资格的生猪定点屠宰企业的负责人。如依据《中华人民共和国合伙企业法》设立的生猪定点屠宰企业，其执行事务的合伙人为该企业的负责人；再如依据《中华人民共和国个人独资企业法》设立的生猪定点屠宰企业，该企业的投资人为其负责人。

四、适用本条应当注意的问题

1. 关于 5 年内不得申请生猪定点屠宰证书　本条规定的生猪定点屠宰厂（场）的法定代表人（负责人）、直接负责的主管人员和其他直接责任人员 5 年内不得申请生猪定点屠宰证书，是指生猪定点屠宰厂（场）因违反本条例的规定被吊销生猪定点屠宰证书后 5 年内，该厂（场）的原法定代表人（负责人）、直接负责的主管人员和其他直接责任人员也不得以个体工商户的名义申请生猪定点屠宰证书。

2. 关于终身和 5 年内不得从事生猪屠宰管理活动　本条规定的终身和 5 年的资格处罚，仅限于不得从事生猪屠宰管理工作，即被吊销生猪定点屠宰证书的生猪定点定屠宰厂（场）的法定代表人（负责人）、直接负责的主管人员和其他直接责任人员不得担任生猪定点屠宰厂（场）的管理人员。但对于从事生猪屠宰管理工作以外的其他工作，包括在生猪定点屠宰厂（场）从事非管理类的工作（如普通的职工）和在非生猪定点屠宰厂（场）从事管理工作，均没有限制。

3. 关于"自处罚决定作出之日" 本条规定的"自处罚决定作出之日"，是指设区的市级人民政府对生猪定点屠宰厂（场）给予吊销生猪定点屠宰证书的行政处罚决定作出之日，换言之，即吊销生猪定点屠宰证书的行政处罚决定书送达生猪定点屠宰厂（场）之日。

4. 法律文书的应用 设区的市级人民政府依据本条作出"5年内不得申请生猪定点屠宰证书""5年内不得从事生猪屠宰管理活动"或者"终身不得从事生猪屠宰管理活动"的行政处罚时，既可以对生猪定点屠宰厂（场）及其法定代表人（负责人）、直接负责的主管人员和其他直接责任人员制作一套卷宗，也可以分别对生猪定点屠宰厂（场）及其法定代表人（负责人）、直接负责的主管人员和其他直接责任人员各自制作卷宗。但在制作一套卷宗时，相关法律文书中应当列明生猪定点屠宰厂（场）及其法定代表人（负责人）、直接负责的主管人员和其他直接责任人员的全部信息，并根据当事人的人数，对生猪定点屠宰厂（场）和需要给予处罚的法定代表人（负责人）、直接负责的主管人员和其他直接责任人员分别送达相关法律文书，以充分保障当事人的合法权利。

第三十九条 农业农村主管部门和其他有关部门的工作人员在生猪屠宰监督管理工作中滥用职权、玩忽职守、徇私舞弊，尚不构成犯罪的，依法给予处分。

【理解与适用】本条是关于农业农村主管部门和其他有关部门的工作人员违反本条例行为的法律责任的规定。

一、本条的适用对象

本条的适用对象：一是农业农村主管部门的工作人员，二是其他有关部门的工作人员。

二、本条规定的执法主体

本条规定的执法主体，按照《中华人民共和国监察法》《中华人民共和国公职人员政务处分法》《中华人民共和国公务员法》《行政机关公务员处分条例》《公职人员政务处分暂行规定》《事业单位工作人员处分暂行规定》等的权限进行。

三、本条规定的处分内容

本条规定的处分内容包括警告、记过、记大过、降级、撤职、开除等。

四、本条规定的法律责任

1. 农业农村主管部门的工作人员的法律责任　根据本条例第三条第一款"国务院农业农村主管部门负责全国生猪屠宰的行业管理工作。县级以上地方人民政府农业农村主管部门负责本行政区域内生猪屠宰活动的监督管理"之规定，农业农村主管部门是负有生猪屠宰监督管理职责的部门，应当按照本条例的规定，依法行使职权，承担责任。对农业农村主管部门的工作人员没有履行生猪屠宰监督管理职责，或者滥用职权、玩忽职守、徇私舞弊，尚不构成犯罪的行为，要依据本条的规定承担法律责任，依法给予处分。本条所称的工作人员，是指直接负责的主管人员和其他直接责任人员。

2. 其他有关部门的工作人员的法律责任　县级以上地方人民政府在生猪屠宰监督管理中承担着重要的责任。本条例第四条第一款规定："县级以上地方人民政府应当加强对生猪屠宰监督管理工作的领导，及时协调、解决生猪屠宰监督管理工作中的重大问题。"如果县级以上地方人民政府在生猪屠宰监督管理中未履行上述法定职责的，其直接负责的主管人员和其他直接责任人员，要承担处分的法律责任。

乡镇人民政府、街道办事处在生猪屠宰监督管理工作中，发挥着不可或缺的作用。生猪屠宰行业管理具有一定的特殊性，私屠滥宰、注水或注入其他物质等违法行为仍时有发生，这些违法行为普遍具有在偏僻地区作案、夜间作案、作案人员流动性强、频繁更换作案场所、调查取证困难等特点，需要乡镇人民政府、街道办事处协助配合农业农村主管部门，及时发现违法线索，有效打击违法行为。因此，本条例第四条第二款规定："乡镇人民政府、街道办事处应当加强生猪定点屠宰的宣传教育，协助做好生猪屠宰监督管理工作。"如果乡镇人民政府、街道办事处在生猪屠宰监督管理中未履行上述法定职责的，其直接负责的主管人员和其他直接责任人员，要承担处分的法律责任。

生猪屠宰管理涉及面宽，除各级人民政府和农业农村主管部门外，还需要多部门的参考与配合。因此，本条例第三条第二款规定："县级以上人民政府有关部门在各自职责范围内负责生猪屠宰活动的相关管理工作。"同时，本条例在生猪屠宰管理中给生态环境主管部门、食品安全监督管理部门、公安机关等有关部门规定了不同的职责。如果生态环境主管部门、食品安全监督管理部门、公安机关等有关部门在生猪屠宰监督管理中未履行本条例规定的法定职责的，其直接负责的主管人员和其他直接责任人员，要承担处分的法律责任。

第四十条　本条例规定的货值金额按照同类检疫合格及肉品品质检验合格的生猪、生猪产品的市场价格计算。

【理解与适用】本条是关于行政处罚中对货值金额计算标准的规定。

本条例第三十一条、第三十三条、第三十四条、第三十五条、第三十六条，分别对未经定点从事生猪屠宰活动、出厂（场）未经肉品品质检验或者经肉品品质检验不合格的生猪产品、应当召回生猪产品而不召回、对生猪及生猪产品注水或注入其他物质，以及屠宰注水或者注入其他物质生猪的违法行为设定的罚款处罚，都是以违法行为所指向的生猪、生猪产品的货值作为罚款处罚的基数。为了规范货值金额的计算，减少行政处罚中的主观随意性，本条统一了对生猪、生猪产品的货值计算标准，即货值金额按照同类检疫合格及肉品品质检验合格的生猪、生猪产品的市场价格计算。需要说明的是，有些违法行为所指向的生猪、生猪产品本身没有任何价值，如注水猪、经肉品品质检验不合格的生猪产品，但是在认定货值时，应当以违法行为发现地同类检疫合格及肉品品质检验合格的生猪、生猪产品的市场价格计算。

第四十一条 违反本条例规定，构成犯罪的，依法追究刑事责任。

【理解与适用】本条是关于违反条例应承担的刑事法律责任的规定。

一、本条的适用对象

本条的适用对象，既包括生猪屠宰监督管理的行政相对人，也包括各级人民政府、农业农村主管部门和其他有关部门的工作人员。

二、本条规定的责任追究的主体

刑事法律责任由司法机关追究。

三、本条规定的刑事法律责任

刑事责任，又称刑罚，是依据国家刑事法律规定，对实施犯罪行为的行为人所给予的处罚。所谓犯罪，是指一切危害国家主权、领土完整和安全，分裂国家、颠覆人民民主专政的政权和推翻社会主义制度，破坏社会秩序和经济秩序，侵犯国有资产或者劳动群众集体所有的财产，侵犯公民私人所有的财产，侵犯公民的人身权利、民主权利和其他权利，以及其他危害社会，依照法律应当受刑事处罚的行为。依照我国《刑法》的规定，刑罚包括主刑和附加刑两种。主刑有管制、拘役、有期徒刑、无期徒刑和死刑；附加刑有罚金、剥夺政治权利和没收财产。此外，对于犯罪的外国人，可以独立适用或者附加适用驱逐出境。对于本条例规定的各种违法行为，如果情节严重，构成犯罪的，要依法追究犯罪人的刑事责任。本条统一规定了刑事责任，而且不涉及具体的罪名内容，这主要是考虑到与《刑法》相衔接，凡是违反本条例的行为，只要依据《刑法》构成犯罪的，即依据《刑法》的规定追究刑事责任。这样处理，一是条文比较简捷，二是内容完整，避免因为专门规定几类犯罪行为而漏掉其他犯罪行为，这种处理模式也是当前立法中的通常做法。

（一）各级人民政府、农业农村主管部门和其他有关部门的工作人员的刑事法律责任

各级人民政府、农业农村主管部门和其他有关部门的工作人员在生猪屠宰管理工作中，违反本条例的规定，构成犯罪的，涉及的罪名主要有受贿罪，玩忽职守罪，滥用职权罪，食品、药品监管渎职罪，徇私舞弊不移交刑事案件罪等。例如，在审查、核发生猪定点屠宰证书，或者监督管理中，收受当事人的贿赂；再如，农业农村主管部门执法人员玩忽职守，对应当制止和处罚的违反生猪屠宰管理的违法行为不予制止、处罚，致使他人合法权益、公共利益和社会秩序遭受严重损害。各级人民政府、农业农村主管部门和其他有关部门的工作人员在生猪屠宰监督管理工作中滥用职权、玩忽职守、徇私舞弊的，尚不构成犯罪的，依据本条例第四十条的规定，给予处分；构成犯罪的，按照本条并依据《刑法》的规定追究刑事责任。农业农村主管部门在依法查处违法行为的过程中，发现贪污贿赂、国家工作人员渎职或者国家机关工作人员利用职权侵犯公民人身权利和民主权利等违法行为，涉嫌构成犯罪的，应当依法及时将案件移送人民检察院。

（二）行政相对人的刑事法律责任

2001 年 7 月 9 日国务院发布第 310 号令《行政执法机关移送涉嫌犯罪案件的规定》，规定行政执法机关在依法查处违法行为过程中，发现违法事实涉及的金额、违法事实的情节、违法事实造成的后果等，根据《刑法》关于破坏社会主义市场经济秩序罪、妨害社会管理秩序罪等罪的规定和最高人民法院、最高人民检察院关于破坏社会主义市场经济秩序罪、妨害社会管理秩序罪等罪的司法解释以及最高人民检察院、公安部关于经济犯罪案件的追诉标准等规定，涉嫌构成犯罪，依法需要追究刑事责任的，必须依照该规定向公安机关移送。因此，县级以上地方人民政府农业农村主管部门履行生猪屠宰监督管理职责，发现生猪定点屠宰厂（场）或者其他单位和个人违反本条例的规定涉嫌犯罪的，应当依法移送公安机关，不得以行政处罚代替刑罚。行政相对人违反本条例规定，构成犯罪的行为，主要涉嫌下列罪名。

1. 非法经营罪　本条例第二条第二款规定："除农村地区个人自宰自食的实行定点屠宰外，任何单位和个人未经定点不得从事生猪屠宰活动。"第九条第三款规定："生猪定点屠宰厂（场）变更生产地址的，应当依照本条例的规定，重新申请生猪定点屠宰证书；……。"第十条第二款规定："任何单位和个人不得冒用或者使用伪造的生猪定点屠宰证书和生猪定点屠宰标志牌"。据此规定，未经定点、变更生产地址不重新申请生猪定点屠宰证书，以及冒用或者使用伪造的生猪定点屠宰证书和生猪定点屠宰标志牌从事生猪屠宰活动的违法行为，如果构成犯罪，要依据《刑法》第二百二十五条关于非法经营罪的规定，追究刑事法律责任。

《刑法》第二百二十五条规定："违反国家规定，有下列非法经营行为之一，扰乱市场秩序，情节严重的，处五年以下有期徒刑或者拘役，并处或者单处违法所得一倍以上五倍以下罚金；情节特别严重的，处五年以上有期徒刑，并处违法所得一倍以上五倍以下罚金或者没收财产：（一）未经许可经营法律、行政法规规定的专营、专卖物品或者其他限制买卖的物品的；（二）买卖进出口许可证、进出口原产地证明以及其他法律、行政法规规定的经营许可证或者批准文件的；（三）未经国家有关主管部门批准非法经营证券、期货、保险业务的，或者非法从事资金支付结算业务的；（四）其他严重扰乱市场秩序的非法经营行为。"《最高人民法院、最高人民检察院关于办理危害食品安全刑事案件适用法律若干问题的解释》（法释〔2013〕12 号）第十二条第一款规定："违反国家规定，私设生猪屠宰厂（场），从事生猪屠宰、销售等经营活动，情节严重的，依照刑法第二百二十五条的规定以非法经营罪定罪处罚。"《最高人民检察院公安部关于公安机关管辖的刑事案件立案追诉标准的规定（二）》（公通字〔2010〕23 号）第七十九条第八项规定："〔非法经营案（刑法第二百二十五条）〕违反国家规定，进行非法经营活动，扰乱市场秩序，涉嫌下列情形之一的，应予立案追诉：（一）……。（八）从事其他非法经营活动，具有下列情形之一的：1. 个人非法经营数额在五万元以上，或者违法所得数额在一万元以上的；2. 单位非法经营数额在五十万元以上，或者违法所得数额在十万元以上的；3. 虽未达到上述数额标准，但两年内因同种非法经营行为受过二次以上行政处罚，又进行同种非法经营行为的；4. 其他情节严重的情形。"根据上述规定，违反本条例第二条第二款、第十条第二款的规定，未经定点，以及冒用或者使用伪造的生猪定点屠宰证书和生猪定点屠宰标志牌从事生猪屠宰活动，有《最高人民检察院公安部关于公安机关管辖的刑事案件立案追诉标准的规定（二）》（公通字

〔2010〕23号）第七十九条第八项规定情形之一的，涉嫌构成非法经营罪，依据《刑法》第二百二十五条的规定追究刑事法律责任，农业农村主管部门应当按照有关规定及时将案件移送同级公安机关。

2. 伪造、变造、买卖国家机关公文、证件、印章罪　本条例第十条第二款规定："生猪定点屠宰证书和生猪定点屠宰标志牌不得出借、转让。任何单位和个人不得冒用或者使用伪造的生猪定点屠宰证书和生猪定点屠宰标志牌。"对使用伪造的生猪定点屠宰证书和生猪定点屠宰标志牌的违法行为，农业农村主管部门通常是通过对使用者的监督发现的，使用伪造的生猪定点屠宰证书和生猪定点屠宰标志牌的行为人和伪造、出让生猪定点屠宰证书和生猪定点屠宰标志牌的行为人都是违法行为人，除依法对使用者依据本条例第三十一条第二款实施行政处罚外，还要通过各种途径追究伪造者和出让者的法律责任，如果构成犯罪的，要依据《刑法》第二百八十条关于伪造、变造、买卖国家机关公文、证件、印章罪的规定，追究刑事法律责任。

《刑法》第二百八十条第一款规定："伪造、变造、买卖或者盗窃、抢夺、毁灭国家机关的公文、证件、印章的，处三年以下有期徒刑、拘役、管制或者剥夺政治权利；情节严重的，处三年以上十年以下有期徒刑。"根据上述规定，对伪造、转让生猪定点屠宰证书或者生猪定点屠宰标志牌，情节严重的，涉嫌构成伪造、变造、买卖国家机关公文、证件、印章罪，依据《刑法》第二百八十条第一款的规定依法追究刑事法律责任，农业农村主管部门应当按照有关规定及时将案件移送同级公安机关。

3. 妨害动植物防疫、检疫罪　本条例第十四条规定："生猪定点屠宰厂（场）屠宰生猪，应当遵守国家规定的操作规程、技术要求和生猪屠宰质量管理规范，并严格执行消毒技术规范。发生动物疫情时，应当按照国务院农业农村主管部门的规定，开展动物疫病检测，做好动物疫情排查和报告。"据此规定，发生动物疫情时，生猪定点屠宰厂（场）未按照本条规定开展动物疫病检测、造假检测数据、未履行做好动物疫情排查和报告的义务，引起重大动物疫情，或者有引起重大动物疫情危险的行为，如果构成犯罪的，要依据《刑法》第三百三十七条关于妨害动植物防疫、检疫罪的规定，追究刑事法律责任。

《刑法》第三百三十七条规定："违反有关动植物防疫、检疫的国家规定，引起重大动植物疫情的，或者有引起重大动植物疫情危险，情节严重的，处三年以下有期徒刑或者拘役，并处或者单处罚金。单位犯罪的，对单位判处罚金，并对其直接负责的主管人员和其他直接责任人员，依照前述的规定处罚。"《最高人民检察院公安部关于公安机关管辖的刑事案件立案追诉标准的规定（一）的补充规定》（公通字〔2017〕12号）第九条规定："［妨害动植物防疫、检疫案（刑法第三百三十七条）］违反有关动植物防疫、检疫的国家规定，引起重大动植物疫情的，应予立案追诉。违反有关动植物防疫、检疫的国家规定，有引起重大动植物疫情危险，涉嫌下列情形之一的，应予立案追诉：（一）非法处置疫区内易感染动物或者其产品，货值金额五万元以上的；（二）是非法处置因动物防疫、检疫需要被依法处理的动物或者其产品，货值金额二万元以上的；（三）……。本条规定的'重大动植物疫情'按照国家行政主管部门的有关规定认定。"根据上述规定，发生动物疫情时，生猪定点屠宰厂（场）未按照规定开展动物疫病检测，造假检测数据，未履行做好动物疫情排查和报告的义务，有《最高人民检察院公安部关于公安机关管辖的刑事案件立案追诉标准的规定（一）的补充规定》（公通字〔2017〕12号）第九条规定情形之一的，涉嫌构成妨害动植物防疫、检疫罪，依据《刑法》第三百三十七条的规定追究刑事法律责任，农业农村主管部门应当按照有关规定及时将案件移送同级公安机关。

4. 生产、销售不符合安全标准的食品罪　在生猪屠宰管理中，行政相对人涉嫌本罪名的违法行为，主要涉及本条例第十五条第二款和第二十条规定的违法行为。一是本条例第十五条第二款中规定，"未经肉品品质检验或者经肉品品质检验不合格的生猪产品，不得出厂（场）"，生猪定点屠宰厂（场）违反该条规定，出厂（场）未经肉品品质检验或者经肉品品质检验不合格的生猪产品。二是本条例第二十条第一款规定，"严禁生猪定点屠宰厂（场）以及其他任何单位和个人对生猪、生猪产品注水或者注入其他物质"，生猪定点屠宰厂（场）以及其他任何单位和个人违反该条规定，对生猪、生猪产品注入其他物质（这里所称的"其他物质"不包含食品动物禁用的药物及化学物质）。三是本条例第二十条第二款规定，"严禁生猪定点屠宰厂（场）屠宰注水或者注入其他物质的生猪"，生猪定点屠宰厂（场）违反该条规定，屠宰注水或者注入其他物质的生猪（这里所称的"其他物质"不包含食品动物禁用的药物及化学物质）。生猪定点屠宰厂（场）违反本条例第十五条第二款、第二十条，生猪定点屠宰厂（场）以外的单位和个人违反第二十条第一款的有关规定，如果构成犯罪的，要依据《刑法》第一百四十三条关于生产、销售不符合安全标准的食品罪的规定，追究刑事法律责任。

《刑法》第一百四十三条规定："生产、销售不符合食品安全标准的食品，足以造成严重食物中毒事故或者其他严重食源性疾病的，处三年以下有期徒刑或者拘役，并处罚金；对人体健康造成严重危害或者有其他严重情节的，处三年以上七年以下有期徒刑，并处罚金；后果特别严重的，处七年以上有期徒刑或者无期徒刑，并处罚金或者没收财产。"《最高人民法院、最高人民检察院关于办理危害食品安全刑事案件适用法律若干问题的解释》（法释〔2013〕12号）第一条规定："生产、销售不符合食品安全标准的食品，具有下列情形之一的，应当认定为刑法第一百四十三条规定的'足以造成严重食物中毒事故或者其他严重食源性疾病'：（一）含有严重超出标准限量的致病性微生物、农药残留、兽药残留、重金属、污染物质以及其他危害人体健康的物质的；（二）属于病死、死因不明或者检验检疫不合格的畜、禽、兽、水产动物及其肉类、肉类制品的；（三）……。"根据上述规定，生猪定点屠宰厂（场）以及其他单位和个人有下列情形的，涉嫌构成生产、销售不符合安全标准的食品罪，依据《刑法》第一百四十三条的规定追究刑事法律责任，农业农村主管部门应当按照有关规定及时将案件移送同级公安机关。

（1）生猪定点屠宰厂（场）违反本条例第十五条第二款规定有下列情形之一的：一是出厂（场）未经肉品品质检验的生猪产品用于食品消费，经检测含有严重超出标准限量的致病性微生物、农药残留、兽药残留、重金属、污染物质以及其他危害人体健康的物质的；二是出厂（场）经肉品品质检验不合格的生猪产品用于食品消费的。

（2）生猪定点屠宰厂（场）以及其他任何单位和个人违反本条例第二十条第一款规定，对生猪、生猪产品注入其他物质，经检测含有致病性微生物、农药、兽药、重金属、污染物质以及其他危害人体健康的物质，且用于食品消费的生猪产品含有严重超出标准限量的致病性微生物、农药残留、兽药残留、重金属、污染物质以及其他危害人体健康的物质。

（3）生猪定点屠宰厂（场）违反本条例第二十条第二款规定，屠宰注入其他物质的生猪，经检测含有致病性微生物、农药、兽药、重金属、污染物质以及其他危害人体健康的物质，且用于食品消费的生猪产品含有严重超出标准限量的致病性微生物、农药残留、兽药残留、重金属、污染物质以及其他危害人体健康的物质。

5. 生产、销售伪劣产品罪 本条例第二十条第一款规定："严禁生猪定点屠宰厂（场）以及其他任何单位和个人对生猪、生猪产品注水或者注入其他物质。"第二款规定："严禁生猪定点屠宰厂（场）屠宰注水或者注入其他物质的生猪。"生猪定点屠宰厂（场）以及其他任何单位和个人违反该条有关规定，对生猪、生猪产品注水，或者生猪定点屠宰厂（场）屠宰注水生猪，如果构成犯罪的，要依据《刑法》第一百四十条关于生产、销售伪劣产品罪的规定，追究刑事法律责任。

《刑法》第一百四十条规定："生产者、销售者在产品中掺杂、掺假，以假充真，以次充好或者以不合格产品冒充合格产品，销售金额五万元以上不满二十万元的，处二年以下有期徒刑或者拘役，并处或者单处销售金额百分之五十以上二倍以下罚金；销售金额二十万元以上不满五十万元的，处二年以上七年以下有期徒刑，并处销售金额百分之五十以上二倍以下罚金；销售金额五十万元以上不满二百万元的，处七年以上有期徒刑，并处销售金额百分之五十以上二倍以下罚金；销售金额二百万元以上的，处十五年有期徒刑或者无期徒刑，并处销售金额百分之五十以上二倍以下罚金或者没收财产。"《最高人民检察院公安部关于公安机关管辖的刑事案件立案追诉标准的规定（一）》（公通字〔2008〕36号）第十六条规定："〔生产、销售伪劣产品案（刑法第一百四十条）〕生产者、销售者在产品中掺杂、掺假，以假充真，以次充好或者以不合格产品冒充合格产品，涉嫌下列情形之一的，应予立案追诉：（一）伪劣产品销售金额五万元以上的；（二）伪劣产品尚未销售，货值金额十五万元以上的；（三）伪劣产品销售金额不满五万元，但将已销售金额乘以三倍后，与尚未销售的伪劣产品货值金额合计十五万元以上的。"根据上述规定，生猪定点屠宰厂（场）以及其他任何单位和个人有下列情形的，涉嫌构成生产、销售伪劣产品罪，依据《刑法》第一百四十条的规定追究刑事责任，农业农村主管部门应当按照有关规定及时将案件移送同级公安机关。

（1）生猪定点屠宰厂（场）以及其他任何单位和个人违反本条例第二十条第一款规定，有下列情形之一的：一是销售注水生猪、生猪产品货值金额5万元以上的；二是注水的生猪、生猪产品尚未销售，货值金额15万元以上的；三是销售注水生猪、生猪产品货值金额不满5万元，但将已销售金额乘以3倍后，与尚未销售的注水生猪、生猪产品货值金额合计15万元以上的。

（2）生猪定点屠宰厂（场）违反本条例第二十条第二款规定，有下列情形之一的：一是销售屠宰注水生猪后的生猪产品，货值金额5万元以上的；二是屠宰注水生猪后其生猪产品尚未销售，货值金额15万元以上的；三是销售屠宰注水生猪后的生猪产品货值金额不满5万元，但将已销售金额乘以3倍后，与尚未销售的屠宰注水生猪后的生猪产品货值金额合计15万元以上的。

6. 生产、销售有毒、有害食品罪 本条例第二十条第一款规定："严禁生猪定点屠宰厂（场）以及其他任何单位和个人对生猪、生猪产品注水或者注入其他物质。"第二款规定："严禁生猪定点屠宰厂（场）屠宰注水或者注入其他物质的生猪。"据此，生猪定点屠宰厂（场）以及其他任何单位和个人对生猪、生猪产品注入其他物质，或者生猪定点屠宰厂（场）屠宰注入其他物质的生猪，如果构成犯罪，要依据《刑法》第一百四十四条关于生产、销售有毒、有害食品罪的规定，追究刑事责任。上述所称的"其他物质"为食品动物禁用的药物及化学物质。

《刑法》第一百四十四条规定："在生产、销售的食品中掺入有毒、有害的非食品原料的，或者销售明知掺有有毒、有害的非食品原料的食品的，处五年以下有期徒刑，并处罚金；对人体健康造成严重危害或者有其他严重情节的，处五年以上十年以下有期徒刑，并处罚金；致人死亡或者有其他特别严重情节的，依照本法第一百四十一条的规定处罚。"《最高人民法院、最高人民检察院关于办理危害食品安全刑事案件适用法律若干问题的解释》（法释〔2013〕12号）第九条第一、二款规定："在食品加工、销售、运输、贮存等过程中，掺入有毒、有害的非食品原料，或者使用有毒、有害的非食品原料加工食品的，依照《刑法》第一百四十四条的规定以生产、销售有毒、有害食品罪定罪处罚。在食用农产品种植、养殖、销售、运输、贮存等过程中，使用禁用农药、兽药等禁用物质或者其他有毒、有害物质的，适用前款的规定定罪处罚。"第二十条规定："下列物质应当认定为'有毒、有害的非食品原料'：（一）法律、法规禁止在食品生产经营活动中添加、使用的物质；（二）国务院有关部门公布的《食品中可能违法添加的非食用物质名单》《保健食品中可能非法添加的物质名单》上的物质；（三）国务院有关部门公告禁止使用的农药、兽药以及其他有毒、有害物质；（四）其他危害人体健康的物质。"《最高人民检察院公安部关于公安机关管辖的刑事案件立案追诉标准的规定（一）》（公通字〔2008〕36号）第二十条规定："〔生产、销售有毒、有害食品案（刑法第一百四十四条）〕在生产、销售的食品中掺入有毒、有害的非食品原料的，或者销售明知掺有有毒、有害的非食品原料的食品的，应予立案追诉。使用盐酸克仑特罗（俗称"瘦肉精"）等禁止在饲料和动物饮用水中使用的药品或者含有该类药品的饲料养殖供人食用的动物，或者销售明知是使用该类药品或者含有该类药品的饲料养殖的供人食用的动物的，应予立案追诉。明知是使用盐酸克仑特罗等禁止在饲料和动物饮用水中使用的药品或者含有该类药品的饲料养殖的供人食用的动物，而提供屠宰等加工服务，或者销售其制品的，应予立案追诉。"根据上述规定，生猪定点屠宰厂（场）以及其他单位和个人有下列情形的，涉嫌构成生产、销售有毒、有害食品罪，依据《刑法》第一百四十四条的规定追究刑事责任，农业农村主管部门应当按照有关规定及时将案件移送同级公安机关。

（1）生猪定点屠宰厂（场）以及其他任何单位和个人违反本条例第二十条第一款规定，有下列情形之一的：一是对生猪、生猪产品注入盐酸克仑特罗等禁止在饲料和动物饮用水中使用的，以及食品动物禁用的药物或者化学物质；二是使用盐酸克仑特罗等禁止在饲料和动物饮用水中使用的，以及食品动物禁用的药物或者化学物质饲喂生猪的；三是销售明知是使用了盐酸克仑特罗等禁止在饲料和动物饮用水中使用的，以及食品动物禁用的药物或者化学物质，或者含有该类药物或者化学物质的饲料养殖的供人食用的生猪、生猪产品。

（2）生猪定点屠宰厂（场）违反本条例第二十条第二款规定，有下列情形之一的：一是屠宰明知是使用了盐酸克仑特罗等禁止在饲料和动物饮用水中使用的，以及食品动物禁用的药物或者化学物质，或者含有该类药物或者化学物质的饲料养殖的供人食用的生猪；二屠宰明知是使用了盐酸克仑特罗等禁止在饲料和动物饮用水中使用的，以及食品动物禁用的药物或者化学物质，或者含有该类药物或者化学物质的饲料养殖的供人食用的生猪后，加工其生猪产品的；三是屠宰、加工明知是使用了盐酸克仑特罗等禁止在饲料和动物饮用水中使用的，以及食品动物禁用的药物或者化学物质，或者含有该类药物或者化学物质的饲料养殖的供人食用的生猪、生猪产品后，销售其生猪产品的。

第五章　附　　则

第四十二条　省、自治区、直辖市人民政府确定实行定点屠宰的其他动物的屠宰管理办法，由省、自治区、直辖市根据本地区的实际情况，参照本条例制定。

【理解与适用】 本条是关于生猪以外其他动物屠宰管理的规定。

1997 年的《生猪屠宰管理条例》规定了对生猪实施定点屠宰、集中检疫、统一纳税、分散经营等制度，同时规定省、自治区、直辖市人民政府确定实行定点屠宰的其他动物的屠宰管理办法，由省、自治区、直辖市根据本地区的实际情况，参照本条例制度。本条规定延续了这一制度，主要考虑到我国各地肉类产品消费情况不尽相同，消费结构存在差异，牛、羊等是否执行全国统一的"定点屠宰制度"，需要考虑少数民族风俗习惯与少数民族政策，最好由省、自治区、直辖市人民政府确定，参照本条例执行，家禽和其他家畜的屠宰管理，也宜由省、自治区、直辖市人民政府根据本地实际情况确定。

目前，全国已有 15 个省份根据本地实际出台了地方性法规规章和规范性文件，对生猪以外的牛、羊、禽等其他动物实行了定点屠宰管理。如吉林、黑龙江、贵州、新疆、宁夏等省份对牛、羊、鸡、鸭、鹅实行定点屠宰，河北、陕西、辽宁等省份对牛、羊、鸡实行定点屠宰，内蒙古、广东、福建、陕西、甘肃和青海等省份对牛、羊实行定点屠宰，北京对牛、羊、鸡、鸭实行定点屠宰。

第四十三条　本条例所称生猪产品，是指生猪屠宰后未经加工的胴体、肉、脂、脏器、血液、骨、头、蹄、皮。

【理解与适用】 本条是关于生猪产品概念含义的规定。

《条例》是一部有特定调整对象的行政法规，其使用的名词概念是有特定内容的，只有准确地理解和运用这些名词概念，才能执行好这部法规。本条例规定的生猪产品范围，不同于《动物防疫法》中动物产品的范围，本条例中的生猪产品范围仅为胴体、肉、脂、脏器、血液、骨、头、蹄、皮，即是可食用的部分，而在生猪屠宰过程中产生的毛等不可食用的部分，便不属于本条例的调整范围。这里的胴体是指生猪经屠宰后放血、脱毛、去掉头蹄和内脏后的剩余部分。

需要说明的是，本条例调整的生猪产品，包括生猪屠宰后，经过或未经过清洗、切割、分拣、分级、冷冻、包装等简单处理而未改变其基本自然性状和化学性状的生猪产品。

第四十四条　生猪定点屠宰证书、生猪定点屠宰标志牌以及肉品品质检验合格验讫印章和肉品品质检验合格证的式样，由国务院农业农村主管部门统一规定。

【理解与适用】本条是关于生猪屠宰证章标志管理的规定。

本条是对原条例第三十五条的修订，将原条例第三十五条中的肉品品质检验合格标志修改为肉品品质检验合格证。此修改与本条例第十五条第二款中内容"经肉品品质检验合格的生猪产品，生猪定点屠宰厂（场）应当加盖肉品品质检验合格验讫印章，附具肉品品质检验合格证"保持一致，突出肉品品质检验合格证的法律地位。

生猪定点屠宰证书和生猪定点屠宰标志牌是国家实行生猪定点屠宰管理的重要凭证，是确定生猪定点屠宰厂（场）具有定点屠宰生猪资格的有效证明。肉品品质检验合格验讫印章和肉品品质检验合格证，是生猪定点屠宰厂（场）对生猪产品进行肉品品质检验，并检验合格的有效凭证，是生猪产品上市的法定凭证之一。生猪定点屠宰证书、生猪定点屠宰标志牌以及肉品品质检验合格验讫印章和肉品品质检验合格证由国务院农业农村主管部门统一制定式样，既便于消费者运用和识别，也便于农业农村主管部门监督管理，保证生猪定点屠宰管理工作秩序。

第四十五条　本条例自2021年8月1日起施行。

【理解与适用】本条是关于条例生效时间的规定。

法律的生效，即法律的时间效力，是指法律施行的时间。本条例自2021年8月1日起施行，是指本条例自该日起发生法律效力。本条例自公布之日至施行前的一段时间内关于生猪屠宰的管理，仍适用国务院1997年发布，经2007年第一次修订，2011年第二次修订和2016年第三次修订的《生猪屠宰管理条例》。本条例对施行前发生的有关问题没有追溯力。2021年6月25日，李克强总理签署国务院令，公布本条例，自2021年8月1日起施行。这样规定，是便于农业农村主管部门及其工作人员和从事生猪屠宰活动的有关单位和公民做好准备。

第三部分

附　　录

《生猪屠宰管理条例》修订条文对照表

修订前条例	修订后条例
第一章　总则	第一章　总则
第一条　为了加强生猪屠宰管理，保证生猪产品质量安全，保障人民身体健康，制定本条例。	**第一条**　为了加强生猪屠宰管理，保证生猪产品质量安全，保障人民身体健康，制定本条例。
第二条　国家实行生猪定点屠宰、集中检疫制度。 未经定点，任何单位和个人不得从事生猪屠宰活动。但是，农村地区个人自宰自食的除外。 在边远和交通不便的农村地区，可以设置仅限于向本地市场供应生猪产品的小型生猪屠宰场点，具体管理办法由省、自治区、直辖市制定。	**第二条**　国家实行生猪定点屠宰、集中检疫制度。 **除农村地区个人自宰自食的不实行定点屠宰外**，任何单位和个人未经定点不得从事生猪屠宰活动。 在边远和交通不便的农村地区，可以设置仅限于向本地市场供应生猪产品的小型生猪屠宰场点，具体管理办法由省、自治区、直辖市制定。
第三条　国务院畜牧兽医行政主管部门负责全国生猪屠宰的行业管理工作。县级以上地方人民政府畜牧兽医行政主管部门负责本行政区域内生猪屠宰活动的监督管理。 县级以上人民政府有关部门在各自职责范围内负责生猪屠宰活动的相关管理工作。	**第三条**　国务院**农业农村**主管部门负责全国生猪屠宰的行业管理工作。县级以上地方人民政府**农业农村**主管部门负责本行政区域内生猪屠宰活动的监督管理。 县级以上人民政府有关部门在各自职责范围内负责生猪屠宰活动的相关管理工作。
第二十条　县级以上地方人民政府应当加强对生猪屠宰监督管理工作的领导，及时协调、解决生猪屠宰监督管理工作中的重大问题。	**第四条**　县级以上地方人民政府应当加强对生猪屠宰监督管理工作的领导，及时协调、解决生猪屠宰监督管理工作中的重大问题。 **乡镇人民政府、街道办事处应当加强生猪定点屠宰的宣传教育，协助做好生猪屠宰监督管理工作。**
	第五条　国家鼓励生猪养殖、屠宰、加工、配送、销售一体化发展，推行标准化屠宰，支持建设冷链流通和配送体系。

（续）

修订前条例	修订后条例
第四条 国家根据生猪定点屠宰厂（场）的规模、生产和技术条件以及质量安全管理状况，推行生猪定点屠宰厂（场）分级管理制度，鼓励、引导、扶持生猪定点屠宰厂（场）改善生产和技术条件，加强质量安全管理，提高生猪产品质量安全水平。生猪定点屠宰厂（场）分级管理的具体办法由国务院畜牧兽医行政主管部门制定。	**第六条** 国家根据生猪定点屠宰厂（场）的规模、生产和技术条件以及质量安全管理状况，推行生猪定点屠宰厂（场）分级管理制度，鼓励、引导、扶持生猪定点屠宰厂（场）改善生产和技术条件，加强质量安全管理，提高生猪产品质量安全水平。生猪定点屠宰厂（场）分级管理的具体办法由国务院**农业农村**主管部门制定。
	第七条 县级以上人民政府农业农村主管部门应当建立生猪定点屠宰厂（场）信用档案，记录日常监督检查结果、违法行为查处等情况，并依法向社会公示。
第二章 生猪定点屠宰	**第二章 生猪定点屠宰**
第五条 生猪定点屠宰厂（场）的设置规划（以下简称设置规划），由省、自治区、直辖市人民政府畜牧兽医行政主管部门会同环境保护主管部门以及其他有关部门，按照合理布局、适当集中、有利流通、方便群众的原则，结合本地实际情况制订，报本级人民政府批准后实施。	**第八条** 省、自治区、直辖市人民政府**农业农村**主管部门会同**生态环境**主管部门以及其他有关部门，按照科学布局、**集中屠宰**、有利流通、方便群众的原则，结合**生猪养殖、动物疫病防控和生猪产品消费**实际情况制订**生猪屠宰行业发展规划**，报本级人民政府批准后实施。 生猪屠宰行业发展规划应当包括发展目标、屠宰厂（场）设置、政策措施等内容。
第六条 生猪定点屠宰厂（场）由设区的市级人民政府根据设置规划，组织畜牧兽医行政主管部门、环境保护主管部门以及其他有关部门，依照本条例规定的条件进行审查，经征求省、自治区、直辖市人民政府畜牧兽医行政主管部门的意见确定，并颁发生猪定点屠宰证书和生猪定点屠宰标志牌。 设区的市级人民政府应当将其确定的生猪定点屠宰厂（场）名单及时向社会公布，并报省、自治区、直辖市人民政府备案。	**第九条** 生猪定点屠宰厂（场）由设区的市级人民政府根据**生猪屠宰行业发展规划**，组织**农业农村、生态环境**主管部门以及其他有关部门，依照本条例规定的条件进行审查，经征求省、自治区、直辖市人民政府**农业农村**主管部门的意见确定，并颁发生猪定点屠宰证书和生猪定点屠宰标志牌。 生猪定点屠宰证书应当载明屠宰厂（场）名称、生产地址和法定代表人（负责人）等事项。 生猪定点屠宰厂（场）变更生产地址的，应当依照本条例的规定，重新申请生猪定点屠宰证书；变更屠宰厂（场）名称、法定代表人（负责人）的，应当在市场监督管理部门办理变更登记手续后15个工作日内，向原发证机关办理变更生猪定点屠宰证书。

（续）

修订前条例	修订后条例
	设区的市级人民政府应当将其确定的生猪定点屠宰厂（场）名单及时向社会公布，并报省、自治区、直辖市人民政府备案。
第七条　生猪定点屠宰厂（场）应当将生猪定点屠宰标志牌悬挂于厂（场）区的显著位置。 　　生猪定点屠宰证书和生猪定点屠宰标志牌不得出借、转让。任何单位和个人不得冒用或者使用伪造的生猪定点屠宰证书和生猪定点屠宰标志牌。	**第十条**　生猪定点屠宰厂（场）应当将生猪定点屠宰标志牌悬挂于厂（场）区的显著位置。 　　生猪定点屠宰证书和生猪定点屠宰标志牌不得出借、转让。任何单位和个人不得冒用或者使用伪造的生猪定点屠宰证书和生猪定点屠宰标志牌。
第八条　生猪定点屠宰厂（场）应当具备下列条件： 　　（一）有与屠宰规模相适应、水质符合国家规定标准的水源条件； 　　（二）有符合国家规定要求的待宰间、屠宰间、急宰间以及生猪屠宰设备和运载工具； 　　（三）有依法取得健康证明的屠宰技术人员； 　　（四）有经考核合格的肉品品质检验人员； 　　（五）有符合国家规定要求的检验设备、消毒设施以及符合环境保护要求的污染防治设施； 　　（六）有病害生猪及生猪产品无害化处理设施； 　　（七）依法取得动物防疫条件合格证。	**第十一条**　生猪定点屠宰厂（场）应当具备下列条件： 　　（一）有与屠宰规模相适应、水质符合国家规定标准的水源条件； 　　（二）有符合国家规定要求的待宰间、屠宰间、急宰间、**检验室**以及生猪屠宰设备和运载工具； 　　（三）有依法取得健康证明的屠宰技术人员； 　　（四）有经考核合格的**兽医卫生**检验人员； 　　（五）有符合国家规定要求的检验设备、消毒设施以及符合环境保护要求的污染防治设施； 　　（六）有病害生猪及生猪产品无害化处理设施**或者无害化处理委托协议**； 　　（七）依法取得动物防疫条件合格证。
第十条　生猪定点屠宰厂（场）屠宰的生猪，应当依法经动物卫生监督机构检疫合格，并附有检疫证明。	**第十二条**　生猪定点屠宰厂（场）屠宰的生猪，应当依法经动物卫生监督机构检疫合格，并附有检疫证明。
第十二条　生猪定点屠宰厂（场）应当如实记录其屠宰的生猪来源和生猪产品流向。生猪来源和生猪产品流向记录保存期限不得少于2年。	**第十三条**　生猪定点屠宰厂（场）应当**建立生猪进厂（场）查验登记制度**。 　　**生猪定点屠宰厂（场）应当依法查验检**疫证明等文件，利用信息化手段核实相关信息，如实记录屠宰生猪的来源、数量、检疫证明号和供货者名称、地址、联系方式等内

（续）

修订前条例	修订后条例
	容，并保存相关凭证。发现伪造、变造检疫证明的，应当及时报告农业农村主管部门。发生动物疫情时，还应当查验、记录运输车辆基本情况。记录、凭证保存期限不得少于2年。 　　生猪定点屠宰厂（场）接受委托屠宰的，应当与委托者签订委托屠宰协议，明确生猪产品质量安全责任。委托屠宰协议自协议期满后保存期限不得少于2年。
第十一条　生猪定点屠宰厂（场）屠宰生猪，应当符合国家规定的操作规程和技术要求。	**第十四条**　生猪定点屠宰厂（场）屠宰生猪，应当**遵守**国家规定的操作规程、技术要求和**生猪屠宰质量管理规范**，并严格执行消毒技术规范。发生动物疫情时，应当按照国务院农业农村主管部门的规定，开展动物疫病检测，做好动物疫情排查和报告。
第十三条　生猪定点屠宰厂（场）应当建立严格的肉品品质检验管理制度。肉品品质检验应当与生猪屠宰同步进行，并如实记录检验结果。检验结果记录保存期限不得少于2年。 　　经肉品品质检验合格的生猪产品，生猪定点屠宰厂（场）应当加盖肉品品质检验合格验讫印章或者附具肉品品质检验合格标志。经肉品品质检验不合格的生猪产品，应当在肉品品质检验人员的监督下，按照国家有关规定处理，并如实记录处理情况；处理情况记录保存期限不得少于2年。 　　生猪定点屠宰厂（场）的生猪产品未经肉品品质检验或者经肉品品质检验不合格的，不得出厂（场）。	**第十五条**　生猪定点屠宰厂（场）应当建立严格的肉品品质检验管理制度。肉品品质检验应当**遵守生猪屠宰肉品品质检验规程**，与生猪屠宰同步进行，并如实记录检验结果。检验结果记录保存期限不得少于2年。 　　经肉品品质检验合格的生猪产品，生猪定点屠宰厂（场）应当加盖肉品品质检验合格验讫印章，附具肉品品质检验合格证。未经肉品品质检验或者经肉品品质检验不合格的**生猪产品**，不得出厂（场）。经检验不合格的生猪产品，应当在**兽医卫生**检验人员的监督下，按照国家有关规定处理，并如实记录处理情况；处理情况记录保存期限不得少于2年。 　　生猪屠宰肉品品质检验规程由国务院农业农村主管部门制定。
第九条　生猪屠宰的检疫及其监督，依照动物防疫法和国务院的有关规定执行。 　　生猪屠宰的卫生检验及其监督，依照食品安全法的规定执行。	**第十六条**　生猪屠宰的检疫及其监督，依照动物防疫法和国务院的有关规定执行。县级以上地方人民政府按照本级政府职责，将生猪、生猪产品的检疫和监督管理所需经费纳入本级预算。

（续）

修订前条例	修订后条例
	县级以上地方人民政府农业农村主管部门应当按照规定足额配备农业农村主管部门任命的兽医，由其监督生猪定点屠宰厂（场）依法查验检疫证明等文件。 农业农村主管部门任命的兽医对屠宰的生猪实施检疫。检疫合格的，出具检疫证明、加施检疫标志，并在检疫证明、检疫标志上签字或者盖章，对检疫结论负责。未经检疫或者经检疫不合格的生猪产品，不得出厂（场）。经检疫不合格的生猪及生猪产品，应当在农业农村主管部门的监督下，按照国家有关规定处理。
第十二条 生猪定点屠宰厂（场）应当如实记录其屠宰的生猪来源和生猪产品流向。生猪来源和生猪产品流向记录保存期限不得少于2年。	**第十七条** 生猪定点屠宰厂（场）应当建立生猪产品出厂（场）记录制度，如实记录出厂（场）生猪产品的名称、规格、数量、检疫证明号、肉品品质检验合格证号、屠宰日期、出厂（场）日期以及购货者名称、地址、联系方式等内容，并保存相关凭证。记录、凭证保存期限不得少于2年。
	第十八条 生猪定点屠宰厂（场）对其生产的生猪产品质量安全负责，发现其生产的生猪产品不符合食品安全标准、有证据证明可能危害人体健康、染疫或者疑似染疫的，应当立即停止屠宰，报告农业农村主管部门，通知销售者或者委托人，召回已经销售的生猪产品，并记录通知和召回情况。 生猪定点屠宰厂（场）应当对召回的生猪产品采取无害化处理等措施，防止其再次流入市场。
第十四条 生猪定点屠宰厂（场）对病害生猪及生猪产品进行无害化处理的费用和损失，按照国务院财政部门的规定，由国家财政予以适当补助。	**第十九条** 生猪定点屠宰厂（场）对病害生猪及生猪产品进行无害化处理的费用和损失，由地方各级人民政府结合本地实际予以适当补贴。
第十五条 生猪定点屠宰厂（场）以及其他任何单位和个人不得对生猪或者生猪产品注水或者注入其他物质。 生猪定点屠宰厂（场）不得屠宰注水或者注入其他物质的生猪。	**第二十条** 严禁生猪定点屠宰厂（场）以及其他任何单位和个人对生猪、生猪产品注水或者注入其他物质。 严禁生猪定点屠宰厂（场）屠宰注水或者注入其他物质的生猪。

（续）

修订前条例	修订后条例
第十六条 生猪定点屠宰厂（场）对未能及时销售或者及时出厂（场）的生猪产品，应当采取冷冻或者冷藏等必要措施予以储存。	**第二十一条** 生猪定点屠宰厂（场）对未能及时出厂（场）的生猪产品，应当采取冷冻或者冷藏等必要措施予以储存。
第十七条 任何单位和个人不得为未经定点违法从事生猪屠宰活动的单位或者个人提供生猪屠宰场所或者生猪产品储存设施，不得为对生猪或者生猪产品注水或者注入其他物质的单位或者个人提供场所。	**第二十二条** **严禁**任何单位和个人为未经定点违法从事生猪屠宰活动的单位和个人提供生猪屠宰场所或者生猪产品储存设施，**严禁**为对生猪、生猪产品注水或者注入其他物质的单位和个人提供场所。
第十八条 从事生猪产品销售、肉食品生产加工的单位和个人以及餐饮服务经营者、集体伙食单位销售、使用的生猪产品，应当是生猪定点屠宰厂（场）经检疫和肉品品质检验合格的生猪产品。	**第二十三条** 从事生猪产品销售、肉食品生产加工的单位和个人以及餐饮服务经营者、**集中用餐**单位**生产经营**的生猪产品，**必须**是生猪定点屠宰厂（场）经检疫和肉品品质检验合格的生猪产品。
第十九条 地方人民政府及其有关部门不得限制外地生猪定点屠宰厂（场）经检疫和肉品质检验合格的生猪产品进入本地市场。	**第二十四条** 地方人民政府及其有关部门不得限制外地生猪定点屠宰厂（场）经检疫和肉品品质检验合格的生猪产品进入本地市场。
第三章 监督管理	**第三章 监督管理**
	第二十五条 国家实行生猪屠宰质量安全风险监测制度。国务院农业农村主管部门负责组织制定国家生猪屠宰质量安全风险监测计划，对生猪屠宰环节的风险因素进行监测。 省、自治区、直辖市人民政府农业农村主管部门根据国家生猪屠宰质量安全风险监测计划，结合本行政区域实际情况，制定本行政区域生猪屠宰质量安全风险监测方案并组织实施，同时报国务院农业农村主管部门备案。
	第二十六条 县级以上地方人民政府农业农村主管部门应当根据生猪屠宰质量安全风险监测结果和国务院农业农村主管部门的规定，加强对生猪定点屠宰厂（场）质量安全管理状况的监督检查。

（续）

修订前条例	修订后条例
第二十一条　畜牧兽医行政主管部门应当依照本条例的规定严格履行职责，加强对生猪屠宰活动的日常监督检查。 　　畜牧兽医行政主管部门依法进行监督检查，可以采取下列措施： 　　（一）进入生猪屠宰等有关场所实施现场检查； 　　（二）向有关单位和个人了解情况； 　　（三）查阅、复制有关记录、票据以及其他资料； 　　（四）查封与违法生猪屠宰活动有关的场所、设施，扣押与违法生猪屠宰活动有关的生猪、生猪产品以及屠宰工具和设备。 　　畜牧兽医行政主管部门进行监督检查时，监督检查人员不得少于2人，并应当出示执法证件。 　　对畜牧兽医行政主管部门依法进行的监督检查，有关单位和个人应当予以配合，不得拒绝、阻挠。	**第二十七条**　**农业农村**主管部门应当依照本条例的规定严格履行职责，加强对生猪屠宰活动的日常监督检查，**建立健全随机抽查机制**。 　　**农业农村**主管部门依法进行监督检查，可以采取下列措施： 　　（一）进入生猪屠宰等有关场所实施现场检查； 　　（二）向有关单位和个人了解情况； 　　（三）查阅、复制有关记录、票据以及其他资料； 　　（四）查封与违法生猪屠宰活动有关的场所、设施，扣押与违法生猪屠宰活动有关的生猪、生猪产品以及屠宰工具和设备。 　　**农业农村**主管部门进行监督检查时，监督检查人员不得少于2人，并应当出示执法证件。 　　对**农业农村**主管部门依法进行的监督检查，有关单位和个人应当予以配合，不得拒绝、阻挠。
第二十二条　畜牧兽医行政主管部门应当建立举报制度，公布举报电话、信箱或者电子邮箱，受理对违反本条例规定行为的举报，并及时依法处理。	**第二十八条**　**农业农村**主管部门应当建立举报制度，公布举报电话、信箱或者电子邮箱，受理对违反本条例规定行为的举报，并及时依法处理。
	第二十九条　**农业农村主管部门发现生猪屠宰涉嫌犯罪的，应当按照有关规定及时将案件移送同级公安机关。** 　　**公安机关在生猪屠宰相关犯罪案件侦查过程中认为没有犯罪事实或者犯罪事实显著轻微，不需要追究刑事责任的，应当及时将案件移送同级农业农村主管部门。公安机关在侦查过程中，需要农业农村主管部门给予检验、认定等协助的，农业农村主管部门应当给予协助。**
第四章　法律责任	**第四章　法律责任**
第二十三条　畜牧兽医行政主管部门在监督检查中发现生猪定点屠宰厂（场）不再具备本条	**第三十条**　**农业农村**主管部门在监督检查中发现生猪定点屠宰厂（场）不再具备本条

（续）

修订前条例	修订后条例
例规定条件的，应当责令其限期整改；逾期仍达不到本条例规定条件的，由设区的市级人民政府取消其生猪定点屠宰厂（场）资格。	例规定条件的，应当责令**停业整顿，并**限期整改；逾期仍达不到本条例规定条件的，由设区的市级人民政府**吊销**生猪定点屠宰**证书，收回生猪定点屠宰标志牌。**
第二十四条　违反本条例规定，未经定点从事生猪屠宰活动的，由畜牧兽医行政主管部门予以取缔，没收生猪、生猪产品、屠宰工具和设备以及违法所得，并处货值金额3倍以上5倍以下的罚款；货值金额难以确定的，对单位并处10万元以上20万元以下的罚款，对个人并处5 000元以上1万元以下的罚款；构成犯罪的，依法追究刑事责任。 冒用或者使用伪造的生猪定点屠宰证书或者生猪定点屠宰标志牌的，依照前款的规定处罚。 生猪定点屠宰厂（场）出借、转让生猪定点屠宰证书或者生猪定点屠宰标志牌的，由设区的市级人民政府取消其生猪定点屠宰厂（场）资格；有违法所得的，由畜牧兽医行政主管部门没收违法所得。	**第三十一条**　违反本条例规定，未经定点从事生猪屠宰活动的，由**农业农村**主管部门**责令关闭**，没收生猪、生猪产品、屠宰工具和设备以及违法所得；货值金额**不足1万元的，并处5万元以上10万元以下的罚款；货值金额1万元以上的，并处货值金额10倍以上20倍以下的罚款。** 冒用或者使用伪造的生猪定点屠宰证书或者生猪定点屠宰标志牌的，依照前款的规定处罚。 生猪定点屠宰厂（场）出借、转让生猪定点屠宰证书或者生猪定点屠宰标志牌的，由设区的市级人民政府吊销生猪定点屠宰**证书，收回生猪定点屠宰标志牌**；有违法所得的，由**农业农村**主管部门没收违法所得，**并处5万元以上10万元以下的罚款。**
第二十五条　生猪定点屠宰厂（场）有下列情形之一的，由畜牧兽医行政主管部门责令限期改正，处2万元以上5万元以下的罚款；逾期不改正的，责令停业整顿，对其主要负责人处5 000元以上1万元以下的罚款： （一）屠宰生猪不符合国家规定的操作规程和技术要求的； （二）未如实记录其屠宰的生猪来源和生猪产品流向的； （三）未建立或者实施肉品品质检验制度的； （四）对经肉品品质检验不合格的生猪产品未按照国家有关规定处理并如实记录处理情况的。	**第三十二条　违反本条例规定，**生猪定点屠宰厂（场）有下列情形之一的，由**农业农村**主管部门责令改正，**给予警告**；**拒不改**正的，责令停业整顿，**处5 000元以上5万元以下的罚款，对其直接负责的主管人员和其他直接责任人员处2万元以上5万元以下的罚款；情节严重的，由设区的市级人民政府吊销生猪定点屠宰证书，收回生猪定点屠宰标志牌：** **（一）未按照规定建立并遵守生猪进厂（场）查验登记制度、生猪产品出厂（场）记录制度的；** **（二）未按照规定签订、保存委托屠宰协议的；** **（三）屠宰生猪不遵守国家规定的操作规程、技术要求和生猪屠宰质量管理规范以及消毒技术规范的；** **（四）未按照规定**建立**并遵守**肉品品质检验制度的；

（续）

修订前条例	修订后条例
	（五）对经肉品品质检验不合格的生猪产品未按照国家有关规定处理并如实记录处理情况的。 发生动物疫情时，生猪定点屠宰厂（场）未按照规定开展动物疫病检测的，由农业农村主管部门责令停业整顿，并处 5 000 元以上 5 万元以下的罚款，对其直接负责的主管人员和其他直接责任人员处 2 万元以上 5 万元以下的罚款；情节严重的，由设区的市级人民政府吊销生猪定点屠宰证书，收回生猪定点屠宰标志牌。
第二十六条　生猪定点屠宰厂（场）出厂（场）未经肉品品质检验或者经肉品品质检验不合格的生猪产品的，由畜牧兽医行政主管部门责令停业整顿，没收生猪产品和违法所得，并处货值金额 1 倍以上 3 倍以下的罚款，对其主要负责人处 1 万元以上 2 万元以下的罚款；货值金额难以确定的，并处 5 万元以上 10 万元以下的罚款；造成严重后果的，由设区的市级人民政府取消其生猪定点屠宰厂（场）资格；构成犯罪的，依法追究刑事责任。	第三十三条　违反本条例规定，生猪定点屠宰厂（场）出厂（场）未经肉品品质检验或者经肉品品质检验不合格的生猪产品的，由农业农村主管部门责令停业整顿，没收生猪产品和违法所得；货值金额不足 1 万元的，并处 10 万元以上 15 万元以下的罚款；货值金额 1 万元以上的，并处货值金额 15 倍以上 30 倍以下的罚款；对其直接负责的主管人员和其他直接责任人员处 5 万元以上 10 万元以下的罚款；情节严重的，由设区的市级人民政府吊销生猪定点屠宰证书，收回生猪定点屠宰标志牌，并可以由公安机关依照《中华人民共和国食品安全法》的规定，对其直接负责的主管人员和其他直接责任人员处 5 日以上 15 日以下拘留。
	第三十四条　生猪定点屠宰厂（场）依照本条例规定应当召回生猪产品而不召回的，由农业农村主管部门责令召回，停止屠宰；拒不召回或者拒不停止屠宰的，责令停业整顿，没收生猪产品和违法所得；货值金额不足 1 万元的，并处 5 万元以上 10 万元以下的罚款；货值金额 1 万元以上的，并处货值金额 10 倍以上 20 倍以下的罚款；对其直接负责的主管人员和其他直接责任人员处 5 万元以上 10 万元以下的罚款；情节严重的，由设区的市级人民政府吊销生猪定点屠宰证书，收回生猪定点屠宰标志牌。 委托人拒不执行召回规定的，依照前款规定处罚。

（续）

修订前条例	修订后条例
第二十七条　生猪定点屠宰厂（场）、其他单位或者个人对生猪、生猪产品注水或者注入其他物质的，由畜牧兽医行政主管部门没收注水或者注入其他物质的生猪、生猪产品、注水工具和设备以及违法所得，并处货值金额 3 倍以上 5 倍以下的罚款，对生猪定点屠宰厂（场）或者其他单位的主要负责人处 1 万元以上 2 万元以下的罚款；货值金额难以确定的，对生猪定点屠宰厂（场）或者其他单位处 5 万元以上 10 万元以下的罚款，对个人并处 1 万元以上 2 万元以下的罚款；构成犯罪的，依法追究刑事责任。 　生猪定点屠宰厂（场）对生猪、生猪产品注水或者注入其他物质的，除依照前款的规定处罚外，还应当由畜牧兽医行政主管部门责令停业整顿；造成严重后果，或者两次以上对生猪、生猪产品注水或者注入其他物质的，由设区的市级人民政府取消其生猪定点屠宰厂（场）资格。	第三十五条　违反本条例规定，生猪定点屠宰厂（场）、其他单位和个人对生猪、生猪产品注水或者注入其他物质的，由**农业农村主管部门**没收注水或者注入其他物质的生猪、生猪产品、注水工具和设备以及违法所得；**货值金额不足 1 万元的，并处 5 万元以上 10 万元以下的罚款；货值金额 1 万元以上的，并处货值金额 10 倍以上 20 倍以下的罚款；对生猪定点屠宰厂（场）或者其他单位的直接负责的主管人员和其他直接责任人员处 5 万元以上 10 万元以下的罚款。注入其他物质的，还可以由公安机关依照《中华人民共和国食品安全法》的规定，对其直接负责的主管人员和其他直接责任人员处 5 日以上 15 日以下拘留。** 　生猪定点屠宰厂（场）对生猪、生猪产品注水或者注入其他物质的，除依照前款规定处罚外，还应当由**农业农村主管部门**责令停业整顿；**情节严重的，由设区的市级人民政府吊销生猪定点屠宰证书，收回生猪定点屠宰标志牌。**
第二十八条　生猪定点屠宰厂（场）屠宰注水或者注入其他物质的生猪的，由畜牧兽医行政主管部门责令改正，没收注水或者注入其他物质的生猪、生猪产品以及违法所得，并处货值金额 1 倍以上 3 倍以下的罚款，对其主要负责人处 1 万元以上 2 万元以下的罚款；货值金额难以确定的，并处 2 万元以上 5 万元以下的罚款；拒不改正的，责令停业整顿；造成严重后果的，由设区的市级人民政府取消其生猪定点屠宰厂（场）资格。	第三十六条　违反本条例规定，生猪定点屠宰厂（场）屠宰注水或者注入其他物质的生猪的，由**农业农村主管部门责令停业整顿**，没收注水或者注入其他物质的生猪、生猪产品和违法所得；**货值金额不足 1 万元的，并处 5 万元以上 10 万元以下的罚款；货值金额 1 万元以上的，并处货值金额 10 倍以上 20 倍以下的罚款；对其直接负责的主管人员和其他直接责任人员处 5 万元以上 10 万元以下的罚款；情节严重的，由设区的市级人民政府吊销生猪定点屠宰证书，收回生猪定点屠宰标志牌。**
第二十九条　从事生猪产品销售、肉食品生产加工的单位和个人以及餐饮服务经营者、集体伙食单位，销售、使用非生猪定点屠宰厂（场）屠宰的生猪产品、未经肉品品质检验或者经肉品品质检验不合格的生猪产品以及注水或者注入其	**删除**

（续）

修订前条例	修订后条例
他物质的生猪产品的，由食品药品监督管理部门没收尚未销售、使用的相关生猪产品以及违法所得，并处货值金额 3 倍以上 5 倍以下的罚款；货值金额难以确定的，对单位处 5 万元以上 10 万元以下的罚款，对个人处 1 万元以上 2 万元以下的罚款；情节严重的，由发证（照）机关吊销有关证照；构成犯罪的，依法追究刑事责任。	
第三十条　为未经定点违法从事生猪屠宰活动的单位或者个人提供生猪屠宰场所或者生猪产品储存设施，或者为对生猪、生猪产品注水或者注入其他物质的单位或者个人提供场所的，由畜牧兽医行政主管部门责令改正，没收违法所得，对单位并处 2 万元以上 5 万元以下的罚款，对个人并处 5 000 元以上 1 万元以下的罚款。	第三十七条　违反本条例规定，为未经定点违法从事生猪屠宰活动的单位和个人提供生猪屠宰场所或者生猪产品储存设施，或者为对生猪、生猪产品注水或者注入其他物质的单位和个人提供场所的，由**农业农村主管部门**责令改正，没收违法所得，**并处 5 万元以上 10 万元以下的罚款**。
	第三十八条　违反本条例规定，生猪定点屠宰厂（场）被吊销生猪定点屠宰证书的，其法定代表人（负责人）、直接负责的主管人员和其他直接责任人员自处罚决定作出之日起 5 年内不得申请生猪定点屠宰证书或者从事生猪屠宰管理活动；因食品安全犯罪被判处有期徒刑以上刑罚的，终身不得从事生猪屠宰管理活动。
第三十一条　畜牧兽医行政主管部门和其他有关部门的工作人员在生猪屠宰监督管理工作中滥用职权、玩忽职守、徇私舞弊，构成犯罪的，依法追究刑事责任；尚不构成犯罪的，依法给予处分。	第三十九条　农业农村主管部门和其他有关部门的工作人员在生猪屠宰监督管理工作中滥用职权、玩忽职守、徇私舞弊，尚不构成犯罪的，依法给予处分。
	第四十条　本条例规定的货值金额按照同类检疫合格及肉品品质检验合格的生猪、生猪产品的市场价格计算。
	第四十一条　违反本条例规定，构成犯罪的，依法追究刑事责任。
第五章　附则	第五章　附则
第三十二条　省、自治区、直辖市人民政府确定实行定点屠宰的其他动物的屠宰管理办法，	第四十二条　省、自治区、直辖市人民政府确定实行定点屠宰的其他动物的屠宰管

（续）

修订前条例	修订后条例
由省、自治区、直辖市根据本地区的实际情况，参照本条例制定。	理办法，由省、自治区、直辖市根据本地区的实际情况，参照本条例制定。
第三十三条 本条例所称生猪产品，是指生猪屠宰后未经加工的胴体、肉、脂、脏器、血液、骨、头、蹄、皮。	**第四十三条** 本条例所称生猪产品，是指生猪屠宰后未经加工的胴体、肉、脂、脏器、血液、骨、头、蹄、皮。
第三十四条 本条例施行前设立的生猪定点屠宰厂（场），自本条例施行之日起180日内，由设区的市级人民政府换发生猪定点屠宰标志牌，并发给生猪定点屠宰证书。	**删除**
第三十五条 生猪定点屠宰证书、生猪定点屠宰标志牌以及肉品品质检验合格验讫印章和肉品品质检验合格标志的式样，由国务院畜牧兽医行政主管部门统一规定。	**第四十四条** 生猪定点屠宰证书、生猪定点屠宰标志牌以及肉品品质检验合格验讫印章和肉品品质检验合格证的式样，由国务院**农业农村**主管部门统一规定。
第三十六条 本条例自 2008 年 8 月 1 日起施行。	**第四十五条** 本条例自 2021 年 8 月 1 日起施行。

司法部、农业农村部负责人就
《生猪屠宰管理条例》修订答记者问

2021 年 6 月 25 日，国务院总理李克强签署第 742 号国务院令，公布修订后的《生猪屠宰管理条例》（以下简称《条例》），自 2021 年 8 月 1 日起施行。日前，司法部、农业农村部负责人就《条例》修订的有关问题回答了记者提问。

问：请简要介绍一下《条例》修订出台的背景。

答：党中央、国务院高度重视生猪及其产品质量安全问题。加强生猪屠宰管理，是保证生猪产品质量安全，让人民群众吃上"放心肉"，保障人民群众身体健康的关键所在。现行生猪屠宰管理条例自 2008 年 8 月 1 日修订实施以来，我国生猪屠宰管理工作不断加强，在有效解决私屠滥宰问题、保障生猪产品质量安全和公共卫生安全等方面发挥了重要作用。随着经济社会的发展，现行条例的一些规定已不适应实践需要：一是生猪屠宰环节全过程管理制度不完善，生猪屠宰质量安全责任难以落实到位；二是生猪屠宰环节疫病防控制度不健全，难以适应当前动物疫病防控特别是非洲猪瘟防控工作面临的新形势新要求；三是法律责任设置偏轻、主管部门执法手段不足，对生猪屠宰违法违规行为打击力度不够。针对上述突出问题，有必要对现行条例予以修改完善。

问：猪肉在我国人民群众饮食结构中居于重要地位，其质量安全一直是社会关心的热点问题。对加强生猪屠宰环节的质量安全监督管理，《条例》修订有哪些有针对性的措施？

答：把好生猪屠宰的质量安全关，是提高生猪产品质量安全水平、保障人民群众"舌尖上的安全"的关键一环。《条例》此次修订，在总结实践经验的基础上，切实贯彻落实习近平总书记关于"最严格的监管"的要求，明确规定生猪屠宰厂（场）对其生产的生猪产品质量安全负责，突出全过程管理要求，进一步完善生猪屠宰环节各项管理制度。一是为了确保生猪来源可追溯，严防未经检疫等问题生猪进入屠宰厂（场），要求生猪屠宰厂（场）建立生猪进厂（场）查验、记录制度，依法查验生猪检疫证明等信息，如实记录生猪的来源、数量、供货者名称、联系方式等内容。二是健全屠宰全过程质量管理，要求生猪屠宰厂（场）严格遵守国家规定的操作规程、生猪屠宰质量管理规范和肉品品质检验规程，肉品品质检验应当与生猪屠宰同步进行，并如实记录检验结果。三是完善生猪产品出厂（场）记录制度，要求生猪屠宰厂（场）如实记录出厂（场）生猪产品的名称、规格、检疫证明号、肉品品质检验合格证号、购货者名称和联系方式等内容。四是建立问题生猪产品报告、召回制度，对发现生产的生猪产品存在不符合食品安全标准、有证据证明可能危害人体健康、染疫或者疑似染疫等质量安全问题的，要求生猪屠宰厂（场）及时履行报告、召回等义务，并对召回的生猪产品采取无害化处理等措施，防止其再次流入市场。此外，建立生猪屠宰质量安全风险监测制度，由农业农村主管部门组织对生猪屠宰环节的风险因素进行监测，根据风险监测结果有针对性地加强监督检查。

问：2018 年起发生的非洲猪瘟疫情，对我国生猪产业造成了较大影响，《条例》修订对加强动物疫病防控有哪些考虑？

答：加强屠宰环节的动物疫病防控，对防止和减少动物疫情蔓延具有重要作用。对此，《条例》在认真总结前一阶段我国非洲猪瘟防控工作经验的基础上，进一步明确、强化主体责任，建立健全相关疫病防控措施。一是落实建立完善屠宰检疫检测制度的要求，明确规定在发生动物疫情时，生猪屠宰厂（场）应当按照国务院农业农村主管部门的规定开展动物疫病检测，做好动物疫情排查和报告。同时为有效防范非洲猪瘟等动物疫情经调运扩散蔓延，规定在发生动物疫情时，要对运输车辆的基本情况进行查验、记录。二是保障生猪屠宰检疫和监督管理所需经费，规定县级以上地方人民政府按照本级政府职责，将生猪、生猪产品的检疫和监督管理所需经费纳入本级预算。同时，规定县级以上地方人民政府农业农村主管部门应当足额配备农业农村主管部门任命的兽医。生猪屠宰厂（场）的生猪产品应当经检疫合格后方可出厂（场），经检疫不合格的，应当按照国家有关规定处理。三是为解决生猪产销区分离、长途调运引发非洲猪瘟等疫病传播，规定国家鼓励生猪养殖、屠宰、加工、配送、销售一体化发展，推行标准化屠宰，支持建设冷链流通和配送体系。同时规定在制订生猪屠宰行业发展规划时，要按照科学布局、集中屠宰、有利流通、方便群众的原则，充分考虑生猪养殖、动物疫病防控和生猪产品消费的实际情况。

问：为确保《条例》各项制度措施落实到位，此次修订在管理方式上有哪些创新举措？

答：为促进《条例》各项制度措施正确贯彻落实，提升法律实施效果，《条例》修订从生猪屠宰行业特点出发，借鉴好的经验和做法，在管理方式上进行了创新。如，建立生猪屠宰行政执法与刑事司法的衔接制度，完善农业农村主管部门、公安机关的协同配合机制，规定农业农村主管部门发现生猪屠宰涉嫌犯罪的，应当按照有关规定及时将案件移送同级公安机关，公安机关在侦查过程中，需要农业农村主管部门给予检验、认定等协助的，农业农村主管部门应当给予协助。再如，建立生猪屠宰行业信用记录制度和黑名单制度，规定农业农村主管部门建立生猪定点屠宰厂（场）信用档案，记录日常监督检查结果、违法行为查处等情况，并依法向社会公示。规定生猪屠宰厂（场）被吊销生猪定点屠宰证书的，其法定代表人（负责人）、直接负责的主管人员和其他直接责任人员自处罚决定作出之日起 5 年内不得申请生猪定点屠宰证书或者从事生猪屠宰管理活动；因食品安全犯罪被判处有期徒刑以上刑罚的，终身不得从事生猪屠宰管理活动。

问：为严厉打击生猪屠宰违法行为，《条例》修订主要作了哪些规定？

答：《条例》修订严格贯彻落实习近平总书记要求的"最严厉的处罚、最严肃的问责"，进一步明确有关主体的法律责任，提高生猪屠宰违法成本。对未经定点从事生猪屠宰活动、出厂（场）肉品品质检验不合格生猪产品、拒不履行问题生猪产品报告召回义务、对生猪和生猪产品注水或者注入其他物质等违法行为，规定了责令停业整顿、没收违法所得、罚款直至吊销定点许可证等行政处罚，罚款金额最高可达货值金额 30 倍。对情节严重的违法行为，由公安机关依法对有关人员予以拘留。构成犯罪的，依法追究刑事责任。

专　家　解　读

贯彻实施条例　规范生猪屠宰

中国动物疫病预防控制中心

（农业农村部屠宰技术中心）主任　陈伟生

新修订的《生猪屠宰管理条例》（以下简称《条例》）严格落实习近平总书记"四个最严"和《中共中央 国务院关于深化改革加强食品安全工作的意见》的要求，充分体现了预防为主、风险管理、全程控制、社会共治的食品安全工作原则，进一步明确生猪屠宰质量安全和动物疫病防控主体责任，严格生猪屠宰环节的全过程管理。《条例》坚持问题导向，针对屠宰环节存在的现实问题，健全完善了各项管理制度和措施，为提升动物疫病防控和生猪产品质量安全水平提供了强有力的法律保障。

一、明晰制度措施，夯实动物疫病防控和质量安全责任

一是在动物疫病防控方面。《条例》加强与动物防疫法的衔接，针对非洲猪瘟疫情发生以来，我国动物疫病防控工作暴露出的漏洞和薄弱环节，完善了屠宰环节的动物疫病防控措施。《条例》明确在发生动物疫情时，生猪定点屠宰厂（场）要按照国务院农业农村主管部门的规定，开展动物疫病检测，做好动物疫情排查和报告。依法查验、记录生猪运输车辆基本情况，并对未按照规定开展动物疫病检测的不同情形设定了相应罚则。切实加强屠宰环节动物疫病检疫检测，对切断动物疫病传播途径，保障公共卫生安全具有重要意义。

二是在质量安全主体责任方面。《条例》强化与食品安全法的衔接，进一步严格生猪屠宰环节的全过程管理，着重完善了生猪进入厂（场）查验登记制度、肉品品质检验制度、生猪产品出厂（场）记录制度、问题生猪产品报告召回制度和不合格生猪产品无害化处理制度等，并增加了委托屠宰管理规定，明确委托屠宰的质量安全责任，建立健全了生猪屠宰全过程质量安全管理制度，确保生猪产品质量安全。

二、强化管理手段，完善生猪屠宰环节监管措施

一是实行质量安全风险监测制度。《条例》明确，国家实行生猪屠宰质量安全风险监测制度，运用风险监测结果实施监督检查。实施生猪屠宰质量安全风险监测，不同于监督抽检，不属于标准符合性判定，而是基于风险调查及预警的一项前瞻性工作，是农业农村主管部门落实食品安全预防为主、风险管理原则的重要方式。农业农村主管部门根据风险监测结果，对生猪定点屠宰厂（场）质量安全管理状况开展监督检查，也将有力提升监管的针对性和有效性。

二是引入随机抽查机制。《条例》明确农业农村主管部门建立健全随机抽查机制。随机抽查是简政放权、放管结合、优化服务的重要举措，是完善事中事后监管的关键环节，对于规范监管行为，减少权力寻租，具有重要意义。农业农村主管部门要按照依法、公正、高效、公开的原则，制定随机抽查事项清单，建立随机抽取检查对象、随机选派执法检查人员的"双随机"抽查机制，对生猪屠宰厂（场）不定期组织开展不预先告知的特定监督检查，以掌握屠宰企业生产的真实状况，进一步强化企业自律意识和守法自觉性。

三是建立健全信用档案。《条例》规定，县级以上农业农村主管部门应当建立生猪定点屠宰厂（场）信用档案，记录日常监督检查结果、违法行为查处等情况，并依法向社会公示。企业的信用水平是行业秩序的基础，加快推进生猪屠宰行业信用体系建设，建立生猪定点屠宰厂（场）信用档案，通过向社会公示生猪定点屠宰厂（场）违法行为查处等情况，营造守信发展、失信可耻的行业氛围，是农业农村主管部门转变职能、加强事中事后监管的重要手段，也是促进屠宰行业提升，优化行业结构的有效途径。

三、加大惩处力度，落实"处罚到人"

一是加大了处罚力度。《条例》贯彻食品安全"最严厉的处罚"要求，对照食品安全法，大幅提高了生猪屠宰违法行为的处罚额度。《条例》对生猪定点屠宰厂（场）出厂（场）未经肉品品质检验或者经肉品品质检验不合格的生猪产品的，货值金额 1 万元以上的，规定最高可处以货值金额 30 倍的罚款。同时，强化行政执法与刑事司法衔接机制，对构成犯罪的，依法追究刑事责任。

二是强化"处罚到人"。 生猪定点屠宰厂（场）直接负责的主管人员和其他直接责任人员是落实产品质量安全主体责任的关键。实施"处罚到人"，可以进一步倒逼责任人切实履行自己的责任和义务。《条例》对生猪定点屠宰厂（场）的违法行为，除出借、转让生猪定点屠宰证书或者生猪定点屠宰标志牌外均设置了对生猪定点屠宰厂（场）和对其直接负责的主管人员、其他直接责任人员的行政"双罚"。被吊销生猪定点屠宰证书的生猪定点屠宰厂（场），其法定代表人（负责人）、直接负责的主管人员和其他直接责任人员 5 年内不得申请生猪定点屠宰证书或者从事生猪屠宰管理活动，因食品安全犯罪被判处有期徒刑以上刑罚的，终身不得从事生猪屠宰管理活动。

《条例》将为满足人民日益增长的美好生活需要贡献重要力量。相信随着《条例》的公布实施，在各级农业农村主管部门、生猪屠宰企业和社会各界的共同努力下，生猪屠宰主体责任意识将得到进一步增强，生猪屠宰生产经营行为将得到进一步规范，生猪屠宰行业管理将得到进一步健全完善和提升，生猪产品质量安全水平将得到进一步提高。

落实责任 强化监管
推动生猪屠宰行业健康发展

山东省畜牧兽医局总兽医师 张乃清

新修订的《生猪屠宰管理条例》（以下简称《条例》）结合行业发展的特点和实际，深入落实"放管服"改革要求，完善生猪屠宰环节全过程管理制度，特别强化了生猪屠宰企业的主体责任和加大对违法违规行为的处罚力度，对于保障生猪产品质量安全，规范屠宰行业秩序，保障人民群众身体健康具有重要意义。山东省将主要从三个方面贯彻落实《条例》，规范生猪屠宰，推动屠宰行业健康发展。

一是擦亮"窗口"，夯实屠宰企业主体责任。《条例》进一步完善生猪屠宰环节全过程管理制度，明确生猪屠宰企业是质量安全的第一责任人，必须严格执行肉品质量安全控制各项规定要求，切实保障生猪产品质量安全。山东省将严格按照《条例》《山东省畜禽屠宰管理办法》要求，督促生猪屠宰厂（场）严格履行产品质量安全主体责任，健全屠宰环节全过程质量管理，落实屠宰环节全过程管理制度。严格做好入场查验、品质检验、同步检疫、出厂登记、无害化处理、不合格产品召回等环节工作，保证出厂生猪产品质量安全。督促企业严格落实动物疫病防控相关责任，全面实施非洲猪瘟自检制度。切实抓好兽医卫生检验员培训工作，确保肉品品质检验制度落实到位。探索建立查验、登记记录电子化，推进肉品品质检验合格证电子出证，实现屠宰企业肉品品质检验痕迹化管控、实时监控，切实保障畜产品质量安全。

二是把好"关口"，强化屠宰行业监督执法。《条例》对未经定点从事生猪屠宰活动、出厂（场）肉品品质不合格、拒不履行问题生猪产品报告、召回义务等违法违规行为加大惩处力度。建立生猪屠宰厂（场）信用档案，对生猪屠宰厂（场）的法定代表人（负责人）、直接负责的主管人员和其他直接责任人员实施从业限制或禁止措施，这是全面贯彻习近平总书记关于食品安全"四个最严"要求，加大执法力度的重要措施，对预防、控制和惩处食品安全违法违规行为具有重要意义。山东省将强化日常监督巡查和部门间协同联动，开展生猪屠宰领域专项整治，积极配合公安部门等部门严厉打击注水注药、私屠滥宰、屠宰病死猪或随意抛弃、贩卖病死猪等违法行为。充分发挥山东屠宰智慧平台信息化监管优势，实现被动监管向主动监管，增强企业和个人的主体责任意识和法治意识，维护畜禽屠宰行业秩序，促进行业健康可持续发展。

三是找准"切口"，引领全产业链升级发展。《条例》鼓励生猪养殖、屠宰、加工、配送、销售一体化发展，推行标准化屠宰，支持建设冷链流通和配送体系，有利于推动畜牧业高质量发展。山东省将充分发挥畜牧业产业基础优势，以全国畜禽屠宰质量标准创新中心建设为起点，积极构建屠宰相关产品质量评价体系，完善屠宰全产业链标准体系，全面提升畜禽屠宰行业水平；以屠宰产业高质量发展为着力点，突出养殖、屠宰加工、宰后原料肉保质保鲜、冷链物流配送、设施装备质量标准为重点的全产业链关键质量标准的研发和改造，推动建立政产学研用等创新共同体，打造全国现代畜牧业齐鲁样板，全面引导推进行业转型升级。

依法保障肉食品安全

中国工程院院士、中国农业大学动物医学院院长　沈建忠

新修订的《生猪屠宰管理条例》（下称《条例》）围绕质量安全补充完善了若干规定，这些规定将对屠宰行业产生深远影响，为肉食品安全提供强有力保障。

第一，推行生猪屠宰质量管理规范。《条例》第十四条规定：生猪定点屠宰厂（场）应当遵守国家规定的操作规程、技术要求和生猪屠宰质量管理规范，并严格执行消毒技术规范。实行"生猪屠宰质量管理规范（GMP）"管理，在加工环境、卫生设施、生产用水、设备工具、加工过程和生产管理等方面实施严格的国家标准或行业标准，是《条例》的新要求，是生猪屠宰企业从事生猪屠宰生产活动的基本要求，是实现生猪产品质量安全的基本条件，也是监管部门开展监督检查的主要依据。屠宰企业应当具备良好的生产设备，合理的生产过程，完善的质量管理和严格的检测系统，确保屠宰产品质量安全符合法规要求。目前，我国生猪屠宰企业中小型屠宰企业占比超过60%，屠宰加工条件和技术水平参差不齐，与人民群众日益增长的美好生活需要还存在很大差距。借鉴国际经验，在生猪屠宰企业实施GMP管理势在必行。《条例》为实施GMP管理提供了法规依据，将加快小型屠宰场点撤停并转，推动屠宰企业实行屠宰、加工、销售、配送一体化发展，持续推进生猪屠宰行业转型升级，我国生猪屠宰行业将踏上高质量发展的新征程。

第二，高度重视肉品品质检验工作。《条例》第十五条对涉及肉品品质检验的条款做了重要修订，明确规定：生猪定点屠宰厂（场）肉品品质检验应当遵守生猪屠宰肉品品质检验规程，与生猪屠宰同步进行。肉品品质检验是屠宰全过程质量安全控制的重要支撑。生猪屠宰厂（场）按照同步检验要求，严格实施肉品品质检验，是控制从生猪入厂（场）到整个屠宰加工过程直至屠宰产品出厂全过程质量安全的重要措施。目前，部分屠

宰厂（场）对屠宰产品质量安全控制的重视程度不足，未建立有效的肉品品质检验工作体系，存在检验岗位缺失、检验人员不足、检验把关不严等问题。《条例》突出了生猪屠宰肉品品质检验规程的重要地位，对肉品品质检验工作提出了更高要求，将极大提升生猪屠宰产品品质检验规程的法律地位，约束力更强，监管依据更明确，为屠宰全过程质量安全控制提供了更为坚实的基础。

第三，实行生猪屠宰质量安全风险监测制度。《条例》第二十五条规定：国家实行生猪屠宰质量安全风险监测制度。保障食品安全是全社会面临的共同挑战和责任，世界各国和相关国际组织为提高食品安全，减少食源性疾病，积累了许多经验，风险监测的结果为风险评估和质量安全标准的制定等提供科学数据和实践经验，风险评估、风险管理和风险交流得到广泛认同和应用。是实施质量安全监督管理的重要基础。国务院农业农村主管部门将制定国家生猪屠宰质量安全风险监测计划，系统和持续地对影响生猪产品质量安全的有害因素进行检验、分析和评价，并根据监测结果对生猪屠宰环节风险进行研判、评估和交流。各地农业农村主管部门根据风险监测结果，在日常监督检查基础上，进行飞行检查、随机抽检、建立信用档案，对生猪屠宰企业实行分级管理等，提升我国生猪屠宰质量安全风险管控能力。生猪屠宰质量安全风险监测制度的实施，有利于早发现、早报告、早处置生猪屠宰产品安全风险，将提高生猪产品质量安全水平。

第四，鼓励推行标准化屠宰。《条例》第五条规定：国家鼓励生猪养殖、屠宰、加工、配送、销售一体化发展，推行标准化屠宰，支持建设冷链流通和配送体系。屠宰环节全过程管理涉及生猪进厂查验登记、待宰静养、检验检疫、屠宰加工、卫生控制、无害化处理、产品包装、储存与运输、人员管理、生产管理等要求，针对这些环节制定相应的标准，建立完善的屠宰标准体系，有利于通过标准化手段进行屠宰全过程质量安全控制。近年来，为适应行业发展需要，我国新制修订发布了《畜禽屠宰操作规程 生猪》等30余项国家和行业标准，基本构建了一个支撑生猪屠宰全过程质量安全控制的标准体系，具备了推行标准化屠宰的基础条件。欧盟、美国、澳大利亚等发达国家和地区，在采用食品法典委员会（CAC）和国际标准化组织（ISO）标准的基础上，形成了较为完备的肉类和屠宰标准体系，为我们提供了良好的经验借鉴。

《条例》总体上体现了生猪屠宰全过程管理，完善了动物疫病防控制度，强化了生产经营者的主体责任，将极大地提高生猪屠宰行业的质量水平。

贯彻生猪屠宰管理条例　落实企业主体责任

中国肉类协会会长、世界肉类组织副主席　李水龙

《生猪屠宰管理条例》自 1998 年实施以来，我国生猪屠宰行业逐步转入法治化轨道，通过实施定点屠宰制度，政府监管能力得到提升，生猪屠宰经营行为得到规范，屠宰集中度和产品质量安全保障能力有了明显提升。但总体上看，我国生猪屠宰行业仍然存在整体生产方式落后、技术水平不高、企业竞争力不足等突出问题，屠宰环节肉品质量安全风险仍不容忽视。贯彻落实新修订的《生猪屠宰管理条例》（以下简称《条例》），引导生猪屠宰企业进一步落实企业主体责任，规范行业发展秩序，提高生猪产品质量安全水平，是我们当前及今后一个时期的重要任务。

优化区域布局，加快产业升级。2018 年 8 月发生非洲猪瘟疫情以来，我国生猪产业受到严重冲击。为有效防控非洲猪瘟，增强猪肉供应保障能力，国务院办公厅印发《关于稳定生猪生产促进转型升级的意见》，提出加快屠宰行业提档升级，引导生猪屠宰加工向养殖集中区域转移，鼓励生猪就地就近屠宰；变革传统生猪调运方式，逐步减少活猪长距离跨省（区、市）调运；加强冷链物流基础设施建设，构建生猪产区和销区有效对接的冷链物流基础设施网络。在总结实践经验基础上，《条例》规定，各省、自治区、直辖市要按照科学布局、集中屠宰、有利流通、方便群众的原则，结合生猪养殖、动物疫病防控和生猪产品消费实际情况制订生猪屠宰行业发展规划。《条例》提出，国家鼓励生猪养殖、屠宰、加工、配送、销售一体化发展，推行标准化屠宰，支持建设冷链流通和配送体系。《条例》的实施和国家配套政策的出台，将进一步优化生猪屠宰行业布局，推动肉类产业融合发展，提升屠宰行业整体竞争力。

落实主体责任，确保消费安全。生猪定点屠宰厂（场）是生猪产品质量安全第一责任人，对其生产的生猪产品质量安全负责。《条例》对生猪

屠宰各环节质量安全控制提出了明确要求。生猪定点屠宰厂（场）要按照《条例》的规定，健全完善质量安全管理制度，落实质量安全主体责任。一是建立健全生猪进厂（场）查验登记制度和生猪产品出厂（场）记录制度，如实记录屠宰生猪的来源和出厂生猪产品销售情况，实现可追溯管理。二是建立健全严格的肉品品质检验制度，严格遵守生猪屠宰肉品品质检验规程，按照国家规定的操作规程、技术要求和生猪屠宰质量管理规范屠宰生猪，确保上市生猪产品质量安全。三是建立健全不合格产品召回制度，发现生猪产品不符合食品安全标准、有证据证明可能危害人体健康、染疫或者疑似染疫的，立即停止屠宰，召回已经销售的生猪产品，对召回的生猪产品采取无害化处理等措施。四是规范委托屠宰行为，与委托人签订委托屠宰协议，明确生猪产品质量安全责任，召回问题生猪产品时，要通知委托方召回问题产品。《条例》的实施，将进一步推动生猪屠宰行业落实食品安全社会责任，提升生猪产品质量安全保障水平。

加强行业治理，改善营商环境。定点屠宰、集中检疫是《条例》确定的我国生猪屠宰管理的基本制度。为了保障生猪定点屠宰厂（场）的合法权益，创造良好的营商环境，《条例》做出了具体规定：一是除农村地区个人自宰自食外，任何单位和个人未经定点不得从事生猪屠宰活动；不得为未经定点违法从事生猪屠宰活动的单位或者个人提供生猪屠宰场所或者生猪产品储存设施；不得为对生猪、生猪产品注水或者注入其他物质的单位或者个人提供场所。二是从事生猪产品销售、肉食品生产加工的单位和个人以及餐饮服务经营者、集中用餐单位生产经营的生猪产品，必须是生猪定点屠宰厂（场）经检疫和肉品品质检验合格的生猪产品。三是地方人民政府及其有关部门不得限制外地生猪定点屠宰厂（场）经检疫和肉品品质检验合格的生猪产品进入本地市场。四是强化社会监督、社会共治，农业农村主管部门建立举报制度，及时处理举报的违法行为。《条例》的实施，将进一步改善生猪屠宰行业营商环境，规范行业发展秩序。

我们相信，《条例》的发布实施将进一步推动我国生猪屠宰行业法治环境的完善，有利于进一步依法规范生猪屠宰行业的生产经营行为，促进生猪屠宰行业现代经济体系的建设，推动生猪屠宰行业高质量发展，更好地满足人民日益增长的美好生活需要。

附录4

相关法律法规条文

中华人民共和国刑法（相关条文）

第一百四十条 生产者、销售者在产品中掺杂、掺假，以假充真，以次充好或者以不合格产品冒充合格产品，销售金额五万元以上不满二十万元的，处二年以下有期徒刑或者拘役，并处或者单处销售金额百分之五十以上二倍以下罚金；销售金额二十万元以上不满五十万元的，处二年以上七年以下有期徒刑，并处销售金额百分之五十以上二倍以下罚金；销售金额五十万元以上不满二百万元的，处七年以上有期徒刑，并处销售金额百分之五十以上二倍以下罚金；销售金额二百万元以上的，处十五年有期徒刑或者无期徒刑，并处销售金额百分之五十以上二倍以下罚金或者没收财产。

第一百四十三条 生产、销售不符合卫生标准的食品，足以造成严重食物中毒事故或者其他严重食源性疾患的，处三年以下有期徒刑或者拘役，并处或者单处销售金额百分之五十以上二倍以下罚金；对人体健康造成严重危害的，处三年以上七年以下有期徒刑，并处销售金额百分之五十以上二倍以下罚金；后果特别严重的，处七年以上有期徒刑或者无期徒刑，并处销售金额百分之五十以上二倍以下罚金或者没收财产。

第一百四十四条 在生产、销售的食品中掺入有毒、有害的非食品原料的，或者销售明知掺有有毒、有害的非食品原料的 食品的，处五年以下有期徒刑，并处罚金；对人体健康造成严重危害或者有其他严重情节的，处五年以上十年以下有期徒刑，并处罚金；致人死亡或者有其他特别严重情节的，依照本法第一百四十一条的规定处罚。

第二百二十五条 违反国家规定，有下列非法经营行为之一，扰乱市场秩序，情节严重的，处五年以下有期徒刑或者拘役，并处或者单处违法所得一倍以上五倍以下罚金；情节特别严重的，处五年以上有期徒刑，并处违法所得一倍以上五倍以下罚金或者没收财产：

（一）未经许可经营法律、行政法规规定的专营、专卖物品或者其他限制买卖的物品的；

（二）买卖进出口许可证、进出口原产地证明以及其他法律、行政法规规定的经营许可证或者批准文件的；

（三）未经国家有关主管部门批准，非法经营证券、期货或者保险业务的；

（四）其他严重扰乱市场秩序的非法经营行为。

第二百八十条第一款 伪造、变造、买卖或者盗窃、抢夺、毁灭国家机关的公文、证件、印章的，处三年以下有期徒刑、拘役、管制或者剥夺政治权利，并处罚金；情节严重的，处三年以上十年以下有期徒刑，并处罚金。

第三百三十七条 违反有关动植物防疫、检疫的国家规定，引起重大动植物疫情的，或者有引起重大动植物疫情危险，情节严重的，处三年以下有期徒刑或者拘役，并处或者单处罚金。

单位犯前款罪的，对单位判处罚金，并对其直接负责的主管人员和其他直接责任人员，依照前款的规定处罚。

最高人民法院 最高人民检察院
关于办理危害食品安全刑事案件适用
法律若干问题的解释（相关条文）

第一条 生产、销售不符合食品安全标准的食品，具有下列情形之一的，应当认定为刑法第一百四十三条规定的"足以造成严重食物中毒事故或者其他严重食源性疾病"：

（一）含有严重超出标准限量的致病性微生物、农药残留、兽药残留、重金属、污染物质以及其他危害人体健康的物质的；

（二）属于病死、死因不明或者检验检疫不合格的畜、禽、兽、水产动物及其肉类、肉类制品的；

（三）属于国家为防控疾病等特殊需要明令禁止生产、销售的；

（四）婴幼儿食品中生长发育所需营养成分严重不符合食品安全标准的；

（五）其他足以造成严重食物中毒事故或者严重食源性疾病的情形。

第九条 在食品加工、销售、运输、贮存等过程中，掺入有毒、有害的非食品原料，或者使用有毒、有害的非食品原料加工食品的，依照刑法第一百四十四条的规定以生产、销售有毒、有害食品罪定罪处罚。

在食用农产品种植、养殖、销售、运输、贮存等过程中，使用禁用农药、兽药等禁用物质或者其他有毒、有害物质的，适用前款的规定定罪处罚。

在保健食品或者其他食品中非法添加国家禁用药物等有毒、有害物质的，适用第一款的规定定罪处罚。

第十二条 违反国家规定，私设生猪屠宰厂（场），从事生猪屠宰、销售等经营活动，情节严重的，依照刑法第二百二十五条的规定以非法经营罪定罪处罚。

实施前款行为，同时又构成生产、销售不符合安全标准的食品罪，生产、销售有毒、有害食品罪等其他犯罪的，依照处罚较重的规定定罪处罚。

第二十条 下列物质应当认定为"有毒、有害的非食品原料"：

（一）法律、法规禁止在食品生产经营活动中添加、使用的物质；

（二）国务院有关部门公布的《食品中可能违法添加的非食用物质名单》《保健食品中可能非法添加的物质名单》上的物质；

（三）国务院有关部门公告禁止使用的农药、兽药以及其他有毒、有害物质；

（四）其他危害人体健康的物质。**第二十一条** "足以造成严重食物中毒事故或者其他严重食源性疾病""有毒、有害非食品原料"难以确定的，司法机关可以根据检验报告并结合专家意见等相关材料进行认定。必要时，人民法院可以依法通知有关专家出庭作出说明。

最高人民检察院　公安部关于公安机关管辖的刑事案件立案追诉标准的规定（一）（相关条文）

第十六条　〔生产、销售伪劣产品案（刑法第一百四十条）〕生产者、销售者在产品中掺杂、掺假，以假充真，以次充好或者以不合格产品冒充合格产品，涉嫌下列情形之一的，应予立案追诉：

（一）伪劣产品销售金额五万元以上的；

（二）伪劣产品尚未销售，货值金额十五万元以上的；

（三）伪劣产品销售金额不满五万元，但将已销售金额乘以三倍后，与尚未销售的伪劣产品货值金额合计十五万元以上的。

本条规定的"在产品中掺杂、掺假"，是指在产品中掺入杂质或者异物，致使产品质量不符合国家法律、法规或者产品明示质量标准规定的质量要求，降低、失去应有使用性能的行为；"以假充真"，是指以不具有某种使用性能的产品冒充具有该种使用性能的产品的行为；"以次充好"，是指以低等级、低档次产品冒充高等级、高档次产品，或者以残次、废旧零配件组合、拼装后冒充正品或者新产品的行为；"不合格产品"，是指不符合《中华人民共和国产品质量法》第二十六条第二款规定的质量要求的产品。

对本条规定的上述行为难以确定的，应当委托法律、行政法规规定的产品质量检验机构进行鉴定。本条规定的"销售金额"，是指生产者、销售者出售伪劣产品后所得和应得的全部违法收入；"货值金额"，以违法生产、销售的伪劣产品的标价计算；没有标价的，按照同类合格产品的市场中间价格计算。货值金额难以确定的，按照《扣押、追缴、没收物品估价管理办法》的规定，委托估价机构进行确定。

第二十条　〔生产、销售有毒、有害食品案（刑法第一百四十四条）〕在生产、销售的食品中掺入有毒、有害的非食品原料的，或者销售明知掺有有毒、有害的非食品原料的食品的，应予立案追诉。

使用盐酸克仑特罗（俗称"瘦肉精"）等禁止在饲料和动物饮用水中使用的药品或者含有该类药品的饲料养殖供人食用的动物，或者销售明知是使用该类药品或者含有该类药品的饲料养殖的供人食用的动物的，应予立案追诉。

明知是使用盐酸克仑特罗等禁止在饲料和动物饮用水中使用的药品或者含有该类药品的饲料养殖的供人食用的动物，而提供屠宰等加工服务，或者销售其制品的，应予立案追诉。

最高人民检察院　公安部关于公安机关管辖的刑事案件立案追诉标准的规定（一）的补充规定（相关条文）

九、将《立案追诉标准（一）》第五十九条修改为：［妨害动植物防疫、检疫案（刑法第三百三十七条）］违反有关动植物防疫、检疫的国家规定，引起重大动植物疫情的，应予立案追诉。

违反有关动植物防疫、检疫的国家规定，有引起重大动植物疫情危险，涉嫌下列情形之一的，应予立案追诉：

（一）非法处置疫区内易感动物或者其产品，货值金额五万元以上的；

（二）非法处置因动植物防疫、检疫需要被依法处理的动植物或者其产品，货值金额二万元以上的；

（三）非法调运、生产、经营感染重大植物检疫性有害生物的林木种子、苗木等繁殖材料或者森林植物产品的；

（四）输入《中华人民共和国进出境动植物检疫法》规定的禁止进境物逃避检疫，或者对特许进境的禁止进境物未有效控制与处置，导致其逃逸、扩散的；

（五）进境动植物及其产品检出有引起重大动植物疫情危险的动物疫病或者植物有害生物后，非法处置导致进境动植物及其产品流失的；

（六）一年内携带或者寄递《中华人民共和国禁止携带、邮寄进境的动植物及其产品名录》所列物品进境逃避检疫两次以上，或者窃取、抢夺、损毁、抛洒动植物检疫机关截留的《中华人民共和国禁止携带、邮寄进境的动植物及其产品名录》所列物品的；

（七）其他情节严重的情形。

本条规定的"重大动植物疫情"，按照国家行政主管部门的有关规定认定。

最高人民检察院　公安部关于公安机关管辖的
刑事案件立案追诉标准的规定（二）（相关条文）

第七十九条第八项　［非法经营案（刑法第二百二十五条）］违反国家规定，进行非法经营活动，扰乱市场秩序，涉嫌下列情形之一的，应予立案追诉：

（八）从事其他非法经营活动，具有下列情形之一的：

1. 个人非法经营数额在五万元以上，或者违法所得数额在一万元以上的；

2. 单位非法经营数额在五十万元以上，或者违法所得数额在十万元以上的；

3. 虽未达到上述数额标准，但两年内因同种非法经营行为受过二次以上行政处罚，又进行同种非法经营行为的；

4. 其他情节严重的情形。

中华人民共和国动物防疫法

（1997 年 7 月 3 日第八届全国人民代表大会常务委员会第二十六次会议通过　2007 年 8 月 30 日第十届全国人民代表大会常务委员会第二十九次会议第一次修订　根据 2013 年 6 月 29 日第十二届全国人民代表大会常务委员会第三次会议《关于修改〈中华人民共和国文物保护法〉等十二部法律的决定》第一次修正　根据 2015 年 4 月 24 日第十二届全国人民代表大会常务委员会第十四次会议《关于修改〈中华人民共和国电力法〉等六部法律的决定》第二次修正　2021 年 1 月 22 日第十三届全国人民代表大会常务委员会第二十五次会议第二次修订）

第一章　总　　则

第一条　为了加强对动物防疫活动的管理，预防、控制、净化、消灭动物疫病，促进养殖业发展，防控人畜共患传染病，保障公共卫生安全和人体健康，制定本法。

第二条 本法适用于在中华人民共和国领域内的动物防疫及其监督管理活动。

进出境动物、动物产品的检疫，适用《中华人民共和国进出境动植物检疫法》。

第三条 本法所称动物，是指家畜家禽和人工饲养、捕获的其他动物。

本法所称动物产品，是指动物的肉、生皮、原毛、绒、脏器、脂、血液、精液、卵、胚胎、骨、蹄、头、角、筋以及可能传播动物疫病的奶、蛋等。

本法所称动物疫病，是指动物传染病，包括寄生虫病。

本法所称动物防疫，是指动物疫病的预防、控制、诊疗、净化、消灭和动物、动物产品的检疫，以及病死动物、病害动物产品的无害化处理。

第四条 根据动物疫病对养殖业生产和人体健康的危害程度，本法规定的动物疫病分为下列三类：

（一）一类疫病，是指口蹄疫、非洲猪瘟、高致病性禽流感等对人、动物构成特别严重危害，可能造成重大经济损失和社会影响，需要采取紧急、严厉的强制预防、控制等措施的；

（二）二类疫病，是指狂犬病、布鲁氏菌病、草鱼出血病等对人、动物构成严重危害，可能造成较大经济损失和社会影响，需要采取严格预防、控制等措施的；

（三）三类疫病，是指大肠杆菌病、禽结核病、鳖腮腺炎病等常见多发，对人、动物构成危害，可能造成一定程度的经济损失和社会影响，需要及时预防、控制的。

前款一、二、三类动物疫病具体病种名录由国务院农业农村主管部门制定并公布。国务院农业农村主管部门应当根据动物疫病发生、流行情况和危害程度，及时增加、减少或者调整一、二、三类动物疫病具体病种并予以公布。

人畜共患传染病名录由国务院农业农村主管部门会同国务院卫生健康、野生动物保护等主管部门制定并公布。

第五条 动物防疫实行预防为主，预防与控制、净化、消灭相结合的方针。

第六条　国家鼓励社会力量参与动物防疫工作。各级人民政府采取措施，支持单位和个人参与动物防疫的宣传教育、疫情报告、志愿服务和捐赠等活动。

第七条　从事动物饲养、屠宰、经营、隔离、运输以及动物产品生产、经营、加工、贮藏等活动的单位和个人，依照本法和国务院农业农村主管部门的规定，做好免疫、消毒、检测、隔离、净化、消灭、无害化处理等动物防疫工作，承担动物防疫相关责任。

第八条　县级以上人民政府对动物防疫工作实行统一领导，采取有效措施稳定基层机构队伍，加强动物防疫队伍建设，建立健全动物防疫体系，制定并组织实施动物疫病防治规划。

乡级人民政府、街道办事处组织群众做好本辖区的动物疫病预防与控制工作，村民委员会、居民委员会予以协助。

第九条　国务院农业农村主管部门主管全国的动物防疫工作。

县级以上地方人民政府农业农村主管部门主管本行政区域的动物防疫工作。

县级以上人民政府其他有关部门在各自职责范围内做好动物防疫工作。

军队动物卫生监督职能部门负责军队现役动物和饲养自用动物的防疫工作。

第十条　县级以上人民政府卫生健康主管部门和本级人民政府农业农村、野生动物保护等主管部门应当建立人畜共患传染病防治的协作机制。

国务院农业农村主管部门和海关总署等部门应当建立防止境外动物疫病输入的协作机制。

第十一条　县级以上地方人民政府的动物卫生监督机构依照本法规定，负责动物、动物产品的检疫工作。

第十二条　县级以上人民政府按照国务院的规定，根据统筹规划、合理布局、综合设置的原则建立动物疫病预防控制机构。

动物疫病预防控制机构承担动物疫病的监测、检测、诊断、流行病学调查、疫情报告以及其他预防、控制等技术工作；承担动物疫病净化、消灭的技术工作。

第十三条 国家鼓励和支持开展动物疫病的科学研究以及国际合作与交流，推广先进适用的科学研究成果，提高动物疫病防治的科学技术水平。

各级人民政府和有关部门、新闻媒体，应当加强对动物防疫法律法规和动物防疫知识的宣传。

第十四条 对在动物防疫工作、相关科学研究、动物疫情扑灭中做出贡献的单位和个人，各级人民政府和有关部门按照国家有关规定给予表彰、奖励。

有关单位应当依法为动物防疫人员缴纳工伤保险费。对因参与动物防疫工作致病、致残、死亡的人员，按照国家有关规定给予补助或者抚恤。

第二章　动物疫病的预防

第十五条 国家建立动物疫病风险评估制度。

国务院农业农村主管部门根据国内外动物疫情以及保护养殖业生产和人体健康的需要，及时会同国务院卫生健康等有关部门对动物疫病进行风险评估，并制定、公布动物疫病预防、控制、净化、消灭措施和技术规范。

省、自治区、直辖市人民政府农业农村主管部门会同本级人民政府卫生健康等有关部门开展本行政区域的动物疫病风险评估，并落实动物疫病预防、控制、净化、消灭措施。

第十六条 国家对严重危害养殖业生产和人体健康的动物疫病实施强制免疫。

国务院农业农村主管部门确定强制免疫的动物疫病病种和区域。

省、自治区、直辖市人民政府农业农村主管部门制定本行政区域的强制免疫计划；根据本行政区域动物疫病流行情况增加实施强制免疫的动物疫病病种和区域，报本级人民政府批准后执行，并报国务院农业农村主管部门备案。

第十七条 饲养动物的单位和个人应当履行动物疫病强制免疫义务，按照强制免疫计划和技术规范，对动物实施免疫接种，并按照国家有关规定建立免疫档案、加施畜禽标识，保证可追溯。

实施强制免疫接种的动物未达到免疫质量要求，实施补充免疫接种后仍不符合免疫质量要求的，有关单位和个人应当按照国家有关规定处理。

用于预防接种的疫苗应当符合国家质量标准。

第十八条　县级以上地方人民政府农业农村主管部门负责组织实施动物疫病强制免疫计划，并对饲养动物的单位和个人履行强制免疫义务的情况进行监督检查。

乡级人民政府、街道办事处组织本辖区饲养动物的单位和个人做好强制免疫，协助做好监督检查；村民委员会、居民委员会协助做好相关工作。

县级以上地方人民政府农业农村主管部门应当定期对本行政区域的强制免疫计划实施情况和效果进行评估，并向社会公布评估结果。

第十九条　国家实行动物疫病监测和疫情预警制度。

县级以上人民政府建立健全动物疫病监测网络，加强动物疫病监测。

国务院农业农村主管部门会同国务院有关部门制定国家动物疫病监测计划。省、自治区、直辖市人民政府农业农村主管部门根据国家动物疫病监测计划，制定本行政区域的动物疫病监测计划。

动物疫病预防控制机构按照国务院农业农村主管部门的规定和动物疫病监测计划，对动物疫病的发生、流行等情况进行监测；从事动物饲养、屠宰、经营、隔离、运输以及动物产品生产、经营、加工、贮藏、无害化处理等活动的单位和个人不得拒绝或者阻碍。

国务院农业农村主管部门和省、自治区、直辖市人民政府农业农村主管部门根据对动物疫病发生、流行趋势的预测，及时发出动物疫情预警。地方各级人民政府接到动物疫情预警后，应当及时采取预防、控制措施。

第二十条　陆路边境省、自治区人民政府根据动物疫病防控需要，合理设置动物疫病监测站点，健全监测工作机制，防范境外动物疫病传入。

科技、海关等部门按照本法和有关法律法规的规定做好动物疫病监测预警工作，并定期与农业农村主管部门互通情况，紧急情况及时通报。

县级以上人民政府应当完善野生动物疫源疫病监测体系和工作机制，根据需要合理布局监测站点；野生动物保护、农业农村主管部门按照职责分工做好野生动物疫源疫病监测等工作，并定期互通情况，紧急情况及时通报。

第二十一条　国家支持地方建立无规定动物疫病区，鼓励动物饲养场建设无规定动物疫病生物安全隔离区。对符合国务院农业农村主管部门规定标准的无规定动物疫病区和无规定动物疫病生物安全隔离区，国务院农业农村主管部门验收合格予以公布，并对其维持情况进行监督检查。

省、自治区、直辖市人民政府制定并组织实施本行政区域的无规定动物疫病区建设方案。国务院农业农村主管部门指导跨省、自治区、直辖市无规定动物疫病区建设。

国务院农业农村主管部门根据行政区划、养殖屠宰产业布局、风险评估情况等对动物疫病实施分区防控，可以采取禁止或者限制特定动物、动物产品跨区域调运等措施。

第二十二条 国务院农业农村主管部门制定并组织实施动物疫病净化、消灭规划。

县级以上地方人民政府根据动物疫病净化、消灭规划，制定并组织实施本行政区域的动物疫病净化、消灭计划。

动物疫病预防控制机构按照动物疫病净化、消灭规划、计划，开展动物疫病净化技术指导、培训，对动物疫病净化效果进行监测、评估。

国家推进动物疫病净化，鼓励和支持饲养动物的单位和个人开展动物疫病净化。饲养动物的单位和个人达到国务院农业农村主管部门规定的净化标准的，由省级以上人民政府农业农村主管部门予以公布。

第二十三条 种用、乳用动物应当符合国务院农业农村主管部门规定的健康标准。

饲养种用、乳用动物的单位和个人，应当按照国务院农业农村主管部门的要求，定期开展动物疫病检测；检测不合格的，应当按照国家有关规定处理。

第二十四条 动物饲养场和隔离场所、动物屠宰加工场所以及动物和动物产品无害化处理场所，应当符合下列动物防疫条件：

（一）场所的位置与居民生活区、生活饮用水水源地、学校、医院等公共场所的距离符合国务院农业农村主管部门的规定；

（二）生产经营区域封闭隔离，工程设计和有关流程符合动物防疫要求；

（三）有与其规模相适应的污水、污物处理设施，病死动物、病害动物产品无害化处理设施设备或者冷藏冷冻设施设备，以及清洗消毒设施设备；

　　（四）有与其规模相适应的执业兽医或者动物防疫技术人员；

　　（五）有完善的隔离消毒、购销台账、日常巡查等动物防疫制度；

　　（六）具备国务院农业农村主管部门规定的其他动物防疫条件。

　　动物和动物产品无害化处理场所除应当符合前款规定的条件外，还应当具有病原检测设备、检测能力和符合动物防疫要求的专用运输车辆。

　　第二十五条　国家实行动物防疫条件审查制度。

　　开办动物饲养场和隔离场所、动物屠宰加工场所以及动物和动物产品无害化处理场所，应当向县级以上地方人民政府农业农村主管部门提出申请，并附具相关材料。受理申请的农业农村主管部门应当依照本法和《中华人民共和国行政许可法》的规定进行审查。经审查合格的，发给动物防疫条件合格证；不合格的，应当通知申请人并说明理由。

　　动物防疫条件合格证应当载明申请人的名称（姓名）、场（厂）址、动物（动物产品）种类等事项。

　　第二十六条　经营动物、动物产品的集贸市场应当具备国务院农业农村主管部门规定的动物防疫条件，并接受农业农村主管部门的监督检查。具体办法由国务院农业农村主管部门制定。

　　县级以上地方人民政府应当根据本地情况，决定在城市特定区域禁止家畜家禽活体交易。

　　第二十七条　动物、动物产品的运载工具、垫料、包装物、容器等应当符合国务院农业农村主管部门规定的动物防疫要求。

　　染疫动物及其排泄物、染疫动物产品，运载工具中的动物排泄物以及垫料、包装物、容器等被污染的物品，应当按照国家有关规定处理，不得随意处置。

　　第二十八条　采集、保存、运输动物病料或者病原微生物以及从事病原微生物研究、教学、检测、诊断等活动，应当遵守国家有关病原微生物实验室管理的规定。

　　第二十九条　禁止屠宰、经营、运输下列动物和生产、经营、加工、贮藏、运输下列动物产品：

　　（一）封锁疫区内与所发生动物疫病有关的；

　　（二）疫区内易感染的；

（三）依法应当检疫而未经检疫或者检疫不合格的；

（四）染疫或者疑似染疫的；

（五）病死或者死因不明的；

（六）其他不符合国务院农业农村主管部门有关动物防疫规定的。

因实施集中无害化处理需要暂存、运输动物和动物产品并按照规定采取防疫措施的，不适用前款规定。

第三十条 单位和个人饲养犬只，应当按照规定定期免疫接种狂犬病疫苗，凭动物诊疗机构出具的免疫证明向所在地养犬登记机关申请登记。

携带犬只出户的，应当按照规定佩戴犬牌并采取系犬绳等措施，防止犬只伤人、疫病传播。

街道办事处、乡级人民政府组织协调居民委员会、村民委员会，做好本辖区流浪犬、猫的控制和处置，防止疫病传播。

县级人民政府和乡级人民政府、街道办事处应当结合本地实际，做好农村地区饲养犬只的防疫管理工作。

饲养犬只防疫管理的具体办法，由省、自治区、直辖市制定。

第三章 动物疫情的报告、通报和公布

第三十一条 从事动物疫病监测、检测、检验检疫、研究、诊疗以及动物饲养、屠宰、经营、隔离、运输等活动的单位和个人，发现动物染疫或者疑似染疫的，应当立即向所在地农业农村主管部门或者动物疫病预防控制机构报告，并迅速采取隔离等控制措施，防止动物疫情扩散。其他单位和个人发现动物染疫或者疑似染疫的，应当及时报告。

接到动物疫情报告的单位，应当及时采取临时隔离控制等必要措施，防止延误防控时机，并及时按照国家规定的程序上报。

第三十二条 动物疫情由县级以上人民政府农业农村主管部门认定；其中重大动物疫情由省、自治区、直辖市人民政府农业农村主管部门认定，必要时报国务院农业农村主管部门认定。

本法所称重大动物疫情，是指一、二、三类动物疫病突然发生，迅速传播，给养殖业生产安全造成严重威胁、危害，以及可能对公众身体健康与生命安全造成危害的情形。

在重大动物疫情报告期间，必要时，所在地县级以上地方人民政府可

以作出封锁决定并采取扑杀、销毁等措施。

第三十三条　国家实行动物疫情通报制度。

国务院农业农村主管部门应当及时向国务院卫生健康等有关部门和军队有关部门以及省、自治区、直辖市人民政府农业农村主管部门通报重大动物疫情的发生和处置情况。

海关发现进出境动物和动物产品染疫或者疑似染疫的，应当及时处置并向农业农村主管部门通报。

县级以上地方人民政府野生动物保护主管部门发现野生动物染疫或者疑似染疫的，应当及时处置并向本级人民政府农业农村主管部门通报。

国务院农业农村主管部门应当依照我国缔结或者参加的条约、协定，及时向有关国际组织或者贸易方通报重大动物疫情的发生和处置情况。

第三十四条　发生人畜共患传染病疫情时，县级以上人民政府农业农村主管部门与本级人民政府卫生健康、野生动物保护等主管部门应当及时相互通报。

发生人畜共患传染病时，卫生健康主管部门应当对疫区易感染的人群进行监测，并应当依照《中华人民共和国传染病防治法》的规定及时公布疫情，采取相应的预防、控制措施。

第三十五条　患有人畜共患传染病的人员不得直接从事动物疫病监测、检测、检验检疫、诊疗以及易感染动物的饲养、屠宰、经营、隔离、运输等活动。

第三十六条　国务院农业农村主管部门向社会及时公布全国动物疫情，也可以根据需要授权省、自治区、直辖市人民政府农业农村主管部门公布本行政区域的动物疫情。其他单位和个人不得发布动物疫情。

第三十七条　任何单位和个人不得瞒报、谎报、迟报、漏报动物疫情，不得授意他人瞒报、谎报、迟报动物疫情，不得阻碍他人报告动物疫情。

第四章　动物疫病的控制

第三十八条　发生一类动物疫病时，应当采取下列控制措施：

（一）所在地县级以上地方人民政府农业农村主管部门应当立即派人到现场，划定疫点、疫区、受威胁区，调查疫源，及时报请本级人民政府对疫区实行封锁。疫区范围涉及两个以上行政区域的，由有关行政区域共同的上一级人民政府对疫区实行封锁，或者由各有关行政区域的上一级人民政府共同对疫区实行封锁。必要时，上级人民政府可以责成下级人民政府对疫区实行封锁；

（二）县级以上地方人民政府应当立即组织有关部门和单位采取封锁、隔离、扑杀、销毁、消毒、无害化处理、紧急免疫接种等强制性措施；

（三）在封锁期间，禁止染疫、疑似染疫和易感染的动物、动物产品流出疫区，禁止非疫区的易感染动物进入疫区，并根据需要对出入疫区的人员、运输工具及有关物品采取消毒和其他限制性措施。

第三十九条 发生二类动物疫病时，应当采取下列控制措施：

（一）所在地县级以上地方人民政府农业农村主管部门应当划定疫点、疫区、受威胁区；

（二）县级以上地方人民政府根据需要组织有关部门和单位采取隔离、扑杀、销毁、消毒、无害化处理、紧急免疫接种、限制易感染的动物和动物产品及有关物品出入等措施。

第四十条 疫点、疫区、受威胁区的撤销和疫区封锁的解除，按照国务院农业农村主管部门规定的标准和程序评估后，由原决定机关决定并宣布。

第四十一条 发生三类动物疫病时，所在地县级、乡级人民政府应当按照国务院农业农村主管部门的规定组织防治。

第四十二条 二、三类动物疫病呈暴发性流行时，按照一类动物疫病处理。

第四十三条 疫区内有关单位和个人，应当遵守县级以上人民政府及其农业农村主管部门依法作出的有关控制动物疫病的规定。

任何单位和个人不得藏匿、转移、盗掘已被依法隔离、封存、处理的动物和动物产品。

第四十四条 发生动物疫情时，航空、铁路、道路、水路运输企业应当优先组织运送防疫人员和物资。

第四十五条 国务院农业农村主管部门根据动物疫病的性质、特点和可能造成的社会危害，制定国家重大动物疫情应急预案报国务院批准，并按照不同动物疫病病种、流行特点和危害程度，分别制定实施方案。

县级以上地方人民政府根据上级重大动物疫情应急预案和本地区的实

际情况，制定本行政区域的重大动物疫情应急预案，报上一级人民政府农业农村主管部门备案，并抄送上一级人民政府应急管理部门。县级以上地方人民政府农业农村主管部门按照不同动物疫病病种、流行特点和危害程度，分别制定实施方案。

重大动物疫情应急预案和实施方案根据疫情状况及时调整。

第四十六条 发生重大动物疫情时，国务院农业农村主管部门负责划定动物疫病风险区，禁止或者限制特定动物、动物产品由高风险区向低风险区调运。

第四十七条 发生重大动物疫情时，依照法律和国务院的规定以及应急预案采取应急处置措施。

第五章 动物和动物产品的检疫

第四十八条 动物卫生监督机构依照本法和国务院农业农村主管部门的规定对动物、动物产品实施检疫。

动物卫生监督机构的官方兽医具体实施动物、动物产品检疫。

第四十九条 屠宰、出售或者运输动物以及出售或者运输动物产品前，货主应当按照国务院农业农村主管部门的规定向所在地动物卫生监督机构申报检疫。

动物卫生监督机构接到检疫申报后，应当及时指派官方兽医对动物、动物产品实施检疫；检疫合格的，出具检疫证明、加施检疫标志。实施检疫的官方兽医应当在检疫证明、检疫标志上签字或者盖章，并对检疫结论负责。

动物饲养场、屠宰企业的执业兽医或者动物防疫技术人员，应当协助官方兽医实施检疫。

第五十条 因科研、药用、展示等特殊情形需要非食用性利用的野生动物，应当按照国家有关规定报动物卫生监督机构检疫，检疫合格的，方可利用。

人工捕获的野生动物，应当按照国家有关规定报捕获地动物卫生监督机构检疫，检疫合格的，方可饲养、经营和运输。

国务院农业农村主管部门会同国务院野生动物保护主管部门制定野生动物检疫办法。

第五十一条 屠宰、经营、运输的动物，以及用于科研、展示、演出和比赛等非食用性利用的动物，应当附有检疫证明；经营和运输的动物产品，应当附有检疫证明、检疫标志。

第五十二条 经航空、铁路、道路、水路运输动物和动物产品的，托运人托运时应当提供检疫证明；没有检疫证明的，承运人不得承运。

进出口动物和动物产品，承运人凭进口报关单证或者海关签发的检疫单证运递。

从事动物运输的单位、个人以及车辆，应当向所在地县级人民政府农业农村主管部门备案，妥善保存行程路线和托运人提供的动物名称、检疫证明编号、数量等信息。具体办法由国务院农业农村主管部门制定。

运载工具在装载前和卸载后应当及时清洗、消毒。

第五十三条 省、自治区、直辖市人民政府确定并公布道路运输的动物进入本行政区域的指定通道，设置引导标志。跨省、自治区、直辖市通过道路运输动物的，应当经省、自治区、直辖市人民政府设立的指定通道入省境或者过省境。

第五十四条 输入到无规定动物疫病区的动物、动物产品，货主应当按照国务院农业农村主管部门的规定向无规定动物疫病区所在地动物卫生监督机构申报检疫，经检疫合格的，方可进入。

第五十五条 跨省、自治区、直辖市引进的种用、乳用动物到达输入地后，货主应当按照国务院农业农村主管部门的规定对引进的种用、乳用动物进行隔离观察。

第五十六条 经检疫不合格的动物、动物产品，货主应当在农业农村主管部门的监督下按照国家有关规定处理，处理费用由货主承担。

第六章　病死动物和病害动物产品的无害化处理

第五十七条 从事动物饲养、屠宰、经营、隔离以及动物产品生产、经营、加工、贮藏等活动的单位和个人，应当按照国家有关规定做好病死动物、病害动物产品的无害化处理，或者委托动物和动物产品无害化处理场所处理。

从事动物、动物产品运输的单位和个人，应当配合做好病死动物和病害动物产品的无害化处理，不得在途中擅自弃置和处理有关动物和动物产品。

任何单位和个人不得买卖、加工、随意弃置病死动物和病害动物产品。

动物和动物产品无害化处理管理办法由国务院农业农村、野生动物保护主管部门按照职责制定。

第五十八条　在江河、湖泊、水库等水域发现的死亡畜禽，由所在地县级人民政府组织收集、处理并溯源。

在城市公共场所和乡村发现的死亡畜禽，由所在地街道办事处、乡级人民政府组织收集、处理并溯源。

在野外环境发现的死亡野生动物，由所在地野生动物保护主管部门收集、处理。

第五十九条　省、自治区、直辖市人民政府制定动物和动物产品集中无害化处理场所建设规划，建立政府主导、市场运作的无害化处理机制。

第六十条　各级财政对病死动物无害化处理提供补助。具体补助标准和办法由县级以上人民政府财政部门会同本级人民政府农业农村、野生动物保护等有关部门制定。

第七章　动物诊疗

第六十一条　从事动物诊疗活动的机构，应当具备下列条件：

（一）有与动物诊疗活动相适应并符合动物防疫条件的场所；

（二）有与动物诊疗活动相适应的执业兽医；

（三）有与动物诊疗活动相适应的兽医器械和设备；

（四）有完善的管理制度。

动物诊疗机构包括动物医院、动物诊所以及其他提供动物诊疗服务的机构。

第六十二条　从事动物诊疗活动的机构，应当向县级以上地方人民政府农业农村主管部门申请动物诊疗许可证。受理申请的农业农村主管部门应当依照本法和《中华人民共和国行政许可法》的规定进行审查。经审查合格的，发给动物诊疗许可证；不合格的，应当通知申请人并说明理由。

第六十三条　动物诊疗许可证应当载明诊疗机构名称、诊疗活动范围、从业地点和法定代表人（负责人）等事项。

动物诊疗许可证载明事项变更的，应当申请变更或者换发动物诊疗许可证。

第六十四条 动物诊疗机构应当按照国务院农业农村主管部门的规定，做好诊疗活动中的卫生安全防护、消毒、隔离和诊疗废弃物处置等工作。

第六十五条 从事动物诊疗活动，应当遵守有关动物诊疗的操作技术规范，使用符合规定的兽药和兽医器械。

兽药和兽医器械的管理办法由国务院规定。

第八章 兽医管理

第六十六条 国家实行官方兽医任命制度。

官方兽医应当具备国务院农业农村主管部门规定的条件，由省、自治区、直辖市人民政府农业农村主管部门按照程序确认，由所在地县级以上人民政府农业农村主管部门任命。具体办法由国务院农业农村主管部门制定。

海关的官方兽医应当具备规定的条件，由海关总署任命。具体办法由海关总署会同国务院农业农村主管部门制定。

第六十七条 官方兽医依法履行动物、动物产品检疫职责，任何单位和个人不得拒绝或者阻碍。

第六十八条 县级以上人民政府农业农村主管部门制定官方兽医培训计划，提供培训条件，定期对官方兽医进行培训和考核。

第六十九条 国家实行执业兽医资格考试制度。具有兽医相关专业大学专科以上学历的人员或者符合条件的乡村兽医，通过执业兽医资格考试的，由省、自治区、直辖市人民政府农业农村主管部门颁发执业兽医资格证书；从事动物诊疗等经营活动的，还应当向所在地县级人民政府农业农村主管部门备案。

执业兽医资格考试办法由国务院农业农村主管部门商国务院人力资源主管部门制定。

第七十条 执业兽医开具兽医处方应当亲自诊断，并对诊断结论负责。

国家鼓励执业兽医接受继续教育。执业兽医所在机构应当支持执业兽医参加继续教育。

第七十一条 乡村兽医可以在乡村从事动物诊疗活动。具体管理办法由国务院农业农村主管部门制定。

第七十二条 执业兽医、乡村兽医应当按照所在地人民政府和农业农村主管部门的要求，参加动物疫病预防、控制和动物疫情扑灭等活动。

第七十三条 兽医行业协会提供兽医信息、技术、培训等服务，维护成员合法权益，按照章程建立健全行业规范和奖惩机制，加强行业自律，推动行业诚信建设，宣传动物防疫和兽医知识。

第九章 监督管理

第七十四条 县级以上地方人民政府农业农村主管部门依照本法规定，对动物饲养、屠宰、经营、隔离、运输以及动物产品生产、经营、加工、贮藏、运输等活动中的动物防疫实施监督管理。

第七十五条 为控制动物疫病，县级人民政府农业农村主管部门应当派人在所在地依法设立的现有检查站执行监督检查任务；必要时，经省、自治区、直辖市人民政府批准，可以设立临时性的动物防疫检查站，执行监督检查任务。

第七十六条 县级以上地方人民政府农业农村主管部门执行监督检查任务，可以采取下列措施，有关单位和个人不得拒绝或者阻碍：

（一）对动物、动物产品按照规定采样、留验、抽检；

（二）对染疫或者疑似染疫的动物、动物产品及相关物品进行隔离、查封、扣押和处理；

（三）对依法应当检疫而未经检疫的动物和动物产品，具备补检条件的实施补检，不具备补检条件的予以收缴销毁；

（四）查验检疫证明、检疫标志和畜禽标识；

（五）进入有关场所调查取证，查阅、复制与动物防疫有关的资料。

县级以上地方人民政府农业农村主管部门根据动物疫病预防、控制需要，经所在地县级以上地方人民政府批准，可以在车站、港口、机场等相关场所派驻官方兽医或者工作人员。

第七十七条 执法人员执行动物防疫监督检查任务，应当出示行政执法证件，佩带统一标志。

县级以上人民政府农业农村主管部门及其工作人员不得从事与动物防疫有关的经营性活动，进行监督检查不得收取任何费用。

第七十八条　禁止转让、伪造或者变造检疫证明、检疫标志或者畜禽标识。

禁止持有、使用伪造或者变造的检疫证明、检疫标志或者畜禽标识。

检疫证明、检疫标志的管理办法由国务院农业农村主管部门制定。

第十章　保障措施

第七十九条　县级以上人民政府应当将动物防疫工作纳入本级国民经济和社会发展规划及年度计划。

第八十条　国家鼓励和支持动物防疫领域新技术、新设备、新产品等科学技术研究开发。

第八十一条　县级人民政府应当为动物卫生监督机构配备与动物、动物产品检疫工作相适应的官方兽医，保障检疫工作条件。

县级人民政府农业农村主管部门可以根据动物防疫工作需要，向乡、镇或者特定区域派驻兽医机构或者工作人员。

第八十二条　国家鼓励和支持执业兽医、乡村兽医和动物诊疗机构开展动物防疫和疫病诊疗活动；鼓励养殖企业、兽药及饲料生产企业组建动物防疫服务团队，提供防疫服务。地方人民政府组织村级防疫员参加动物疫病防治工作的，应当保障村级防疫员合理劳务报酬。

第八十三条　县级以上人民政府按照本级政府职责，将动物疫病的监测、预防、控制、净化、消灭，动物、动物产品的检疫和病死动物的无害化处理，以及监督管理所需经费纳入本级预算。

第八十四条　县级以上人民政府应当储备动物疫情应急处置所需的防疫物资。

第八十五条　对在动物疫病预防、控制、净化、消灭过程中强制扑杀的动物、销毁的动物产品和相关物品，县级以上人民政府给予补偿。具体补偿标准和办法由国务院财政部门会同有关部门制定。

第八十六条　对从事动物疫病预防、检疫、监督检查、现场处理疫情以及在工作中接触动物疫病病原体的人员，有关单位按照国家规定，采取

有效的卫生防护、医疗保健措施，给予畜牧兽医医疗卫生津贴等相关
待遇。

第十一章　法律责任

第八十七条　地方各级人民政府及其工作人员未依照本法规定履行职
责的，对直接负责的主管人员和其他直接责任人员依法给予处分。

第八十八条　县级以上人民政府农业农村主管部门及其工作人员违反
本法规定，有下列行为之一的，由本级人民政府责令改正，通报批评；对
直接负责的主管人员和其他直接责任人员依法给予处分：

（一）未及时采取预防、控制、扑灭等措施的；

（二）对不符合条件的颁发动物防疫条件合格证、动物诊疗许可证，
或者对符合条件的拒不颁发动物防疫条件合格证、动物诊疗许可证的；

（三）从事与动物防疫有关的经营性活动，或者违法收取费用的；

（四）其他未依照本法规定履行职责的行为。

第八十九条　动物卫生监督机构及其工作人员违反本法规定，有下列
行为之一的，由本级人民政府或者农业农村主管部门责令改正，通报批
评；对直接负责的主管人员和其他直接责任人员依法给予处分：

（一）对未经检疫或者检疫不合格的动物、动物产品出具检疫证明、
加施检疫标志，或者对检疫合格的动物、动物产品拒不出具检疫证明、加
施检疫标志的；

（二）对附有检疫证明、检疫标志的动物、动物产品重复检疫的；

（三）从事与动物防疫有关的经营性活动，或者违法收取费用的；

（四）其他未依照本法规定履行职责的行为。

第九十条　动物疫病预防控制机构及其工作人员违反本法规定，有下
列行为之一的，由本级人民政府或者农业农村主管部门责令改正，通报批
评；对直接负责的主管人员和其他直接责任人员依法给予处分：

（一）未履行动物疫病监测、检测、评估职责或者伪造监测、检测、
评估结果的；

（二）发生动物疫情时未及时进行诊断、调查的；

（三）接到染疫或者疑似染疫报告后，未及时按照国家规定采取措施、
上报的；

（四）其他未依照本法规定履行职责的行为。

第九十一条 地方各级人民政府、有关部门及其工作人员瞒报、谎报、迟报、漏报或者授意他人瞒报、谎报、迟报动物疫情，或者阻碍他人报告动物疫情的，由上级人民政府或者有关部门责令改正，通报批评；对直接负责的主管人员和其他直接责任人员依法给予处分。

第九十二条 违反本法规定，有下列行为之一的，由县级以上地方人民政府农业农村主管部门责令限期改正，可以处一千元以下罚款；逾期不改正的，处一千元以上五千元以下罚款，由县级以上地方人民政府农业农村主管部门委托动物诊疗机构、无害化处理场所等代为处理，所需费用由违法行为人承担：

（一）对饲养的动物未按照动物疫病强制免疫计划或者免疫技术规范实施免疫接种的；

（二）对饲养的种用、乳用动物未按照国务院农业农村主管部门的要求定期开展疫病检测，或者经检测不合格而未按照规定处理的；

（三）对饲养的犬只未按照规定定期进行狂犬病免疫接种的；

（四）动物、动物产品的运载工具在装载前和卸载后未按照规定及时清洗、消毒的。

第九十三条 违反本法规定，对经强制免疫的动物未按照规定建立免疫档案，或者未按照规定加施畜禽标识的，依照《中华人民共和国畜牧法》的有关规定处罚。

第九十四条 违反本法规定，动物、动物产品的运载工具、垫料、包装物、容器等不符合国务院农业农村主管部门规定的动物防疫要求的，由县级以上地方人民政府农业农村主管部门责令改正，可以处五千元以下罚款；情节严重的，处五千元以上五万元以下罚款。

第九十五条 违反本法规定，对染疫动物及其排泄物、染疫动物产品或者被染疫动物、动物产品污染的运载工具、垫料、包装物、容器等未按照规定处置的，由县级以上地方人民政府农业农村主管部门责令限期处理；逾期不处理的，由县级以上地方人民政府农业农村主管部门委托有关单位代为处理，所需费用由违法行为人承担，处五千元以上五万元以下罚款。

造成环境污染或者生态破坏的，依照环境保护有关法律法规进行处罚。

第九十六条　违反本法规定，患有人畜共患传染病的人员，直接从事动物疫病监测、检测、检验检疫，动物诊疗以及易感染动物的饲养、屠宰、经营、隔离、运输等活动的，由县级以上地方人民政府农业农村或者野生动物保护主管部门责令改正；拒不改正的，处一千元以上一万元以下罚款；情节严重的，处一万元以上五万元以下罚款。

第九十七条　违反本法第二十九条规定，屠宰、经营、运输动物或者生产、经营、加工、贮藏、运输动物产品的，由县级以上地方人民政府农业农村主管部门责令改正、采取补救措施，没收违法所得、动物和动物产品，并处同类检疫合格动物、动物产品货值金额十五倍以上三十倍以下罚款；同类检疫合格动物、动物产品货值金额不足一万元的，并处五万元以上十五万元以下罚款；其中依法应当检疫而未检疫的，依照本法第一百条的规定处罚。

前款规定的违法行为人及其法定代表人（负责人）、直接负责的主管人员和其他直接责任人员，自处罚决定作出之日起五年内不得从事相关活动；构成犯罪的，终身不得从事屠宰、经营、运输动物或者生产、经营、加工、贮藏、运输动物产品等相关活动。

第九十八条　违反本法规定，有下列行为之一的，由县级以上地方人民政府农业农村主管部门责令改正，处三千元以上三万元以下罚款；情节严重的，责令停业整顿，并处三万元以上十万元以下罚款：

（一）开办动物饲养场和隔离场所、动物屠宰加工场所以及动物和动物产品无害化处理场所，未取得动物防疫条件合格证的；

（二）经营动物、动物产品的集贸市场不具备国务院农业农村主管部门规定的防疫条件的；

（三）未经备案从事动物运输的；

（四）未按照规定保存行程路线和托运人提供的动物名称、检疫证明编号、数量等信息的；

（五）未经检疫合格，向无规定动物疫病区输入动物、动物产品的；

（六）跨省、自治区、直辖市引进种用、乳用动物到达输入地后未按照规定进行隔离观察的；

（七）未按照规定处理或者随意弃置病死动物、病害动物产品的；

（八）饲养种用、乳用动物的单位和个人，未按照国务院农业农村主管部门的要求定期开展动物疫病检测的。

第九十九条 动物饲养场和隔离场所、动物屠宰加工场所以及动物和动物产品无害化处理场所，生产经营条件发生变化，不再符合本法第二十四条规定的动物防疫条件继续从事相关活动的，由县级以上地方人民政府农业农村主管部门给予警告，责令限期改正；逾期仍达不到规定条件的，吊销动物防疫条件合格证，并通报市场监督管理部门依法处理。

第一百条 违反本法规定，屠宰、经营、运输的动物未附有检疫证明，经营和运输的动物产品未附有检疫证明、检疫标志的，由县级以上地方人民政府农业农村主管部门责令改正，处同类检疫合格动物、动物产品货值金额一倍以下罚款；对货主以外的承运人处运输费用三倍以上五倍以下罚款，情节严重的，处五倍以上十倍以下罚款。

违反本法规定，用于科研、展示、演出和比赛等非食用性利用的动物未附有检疫证明的，由县级以上地方人民政府农业农村主管部门责令改正，处三千元以上一万元以下罚款。

第一百零一条 违反本法规定，将禁止或者限制调运的特定动物、动物产品由动物疫病高风险区调入低风险区的，由县级以上地方人民政府农业农村主管部门没收运输费用、违法运输的动物和动物产品，并处运输费用一倍以上五倍以下罚款。

第一百零二条 违反本法规定，通过道路跨省、自治区、直辖市运输动物，未经省、自治区、直辖市人民政府设立的指定通道入省境或者过省境的，由县级以上地方人民政府农业农村主管部门对运输人处五千元以上一万元以下罚款；情节严重的，处一万元以上五万元以下罚款。

第一百零三条 违反本法规定，转让、伪造或者变造检疫证明、检疫标志或者畜禽标识的，由县级以上地方人民政府农业农村主管部门没收违法所得和检疫证明、检疫标志、畜禽标识，并处五千元以上五万元以下罚款。

持有、使用伪造或者变造的检疫证明、检疫标志或者畜禽标识的，由县级以上人民政府农业农村主管部门没收检疫证明、检疫标志、畜禽标识和对应的动物、动物产品，并处三千元以上三万元以下罚款。

第一百零四条 违反本法规定，有下列行为之一的，由县级以上地方人民政府农业农村主管部门责令改正，处三千元以上三万元以下罚款：

（一）擅自发布动物疫情的；

（二）不遵守县级以上人民政府及其农业农村主管部门依法作出的有关控制动物疫病规定的；

（三）藏匿、转移、盗掘已被依法隔离、封存、处理的动物和动物产品的。

第一百零五条 违反本法规定，未取得动物诊疗许可证从事动物诊疗活动的，由县级以上地方人民政府农业农村主管部门责令停止诊疗活动，没收违法所得，并处违法所得一倍以上三倍以下罚款；违法所得不足三万元的，并处三千元以上三万元以下罚款。

动物诊疗机构违反本法规定，未按照规定实施卫生安全防护、消毒、隔离和处置诊疗废弃物的，由县级以上地方人民政府农业农村主管部门责令改正，处一千元以上一万元以下罚款；造成动物疫病扩散的，处一万元以上五万元以下罚款；情节严重的，吊销动物诊疗许可证。

第一百零六条 违反本法规定，未经执业兽医备案从事经营性动物诊疗活动的，由县级以上地方人民政府农业农村主管部门责令停止动物诊疗活动，没收违法所得，并处三千元以上三万元以下罚款；对其所在的动物诊疗机构处一万元以上五万元以下罚款。

执业兽医有下列行为之一的，由县级以上地方人民政府农业农村主管部门给予警告，责令暂停六个月以上一年以下动物诊疗活动；情节严重的，吊销执业兽医资格证书：

（一）违反有关动物诊疗的操作技术规范，造成或者可能造成动物疫病传播、流行的；

（二）使用不符合规定的兽药和兽医器械的；

（三）未按照当地人民政府或者农业农村主管部门要求参加动物疫病预防、控制和动物疫情扑灭活动的。

第一百零七条 违反本法规定，生产经营兽医器械，产品质量不符合要求的，由县级以上地方人民政府农业农村主管部门责令限期整改；情节严重的，责令停业整顿，并处二万元以上十万元以下罚款。

第一百零八条 违反本法规定，从事动物疫病研究、诊疗和动物饲养、屠宰、经营、隔离、运输，以及动物产品生产、经营、加工、贮藏、无害化处理等活动的单位和个人，有下列行为之一的，由县级以上地方人民政府农业农村主管部门责令改正，可以处一万元以下罚款；拒不改正的，处一万元以上五万元以下罚款，并可以责令停业整顿：

（一）发现动物染疫、疑似染疫未报告，或者未采取隔离等控制措施的；

（二）不如实提供与动物防疫有关的资料的；

（三）拒绝或者阻碍农业农村主管部门进行监督检查的；

（四）拒绝或者阻碍动物疫病预防控制机构进行动物疫病监测、检测、评估的；

（五）拒绝或者阻碍官方兽医依法履行职责的。

第一百零九条 违反本法规定，造成人畜共患传染病传播、流行的，依法从重给予处分、处罚。

违反本法规定，构成违反治安管理行为的，依法给予治安管理处罚；构成犯罪的，依法追究刑事责任。

违反本法规定，给他人人身、财产造成损害的，依法承担民事责任。

第十二章　附　　则

第一百一十条 本法下列用语的含义：

（一）无规定动物疫病区，是指具有天然屏障或者采取人工措施，在一定期限内没有发生规定的一种或者几种动物疫病，并经验收合格的区域；

（二）无规定动物疫病生物安全隔离区，是指处于同一生物安全管理体系下，在一定期限内没有发生规定的一种或者几种动物疫病的若干动物饲养场及其辅助生产场所构成的，并经验收合格的特定小型区域；

（三）病死动物，是指染疫死亡、因病死亡、死因不明或者经检验检疫可能危害人体或者动物健康的死亡动物；

（四）病害动物产品，是指来源于病死动物的产品，或者经检验检疫可能危害人体或者动物健康的动物产品。

第一百一十一条 境外无规定动物疫病区和无规定动物疫病生物安全隔离区的无疫等效性评估，参照本法有关规定执行。

第一百一十二条 实验动物防疫有特殊要求的，按照实验动物管理的有关规定执行。

第一百一十三条 本法自 2021 年 5 月 1 日起施行。

中华人民共和国食品安全法

（2009 年 2 月 28 日第十一届全国人民代表大会常务委员会第七次会议通过 2015 年 4 月 24 日第十二届全国人民代表大会常务委员会第十四次会议修订 根据 2018 年 12 月 29 日第十三届全国人民代表大会常务委员会第七次会议《关于修改〈中华人民共和国产品质量法〉等五部法律的决定》第一次修正 根据 2021 年 4 月 29 日第十三届全国人民代表大会常务委员会第二十八次《关于修改〈中华人民共和国道路交通安全法〉等八部法律的决定》第二次修正）

第一章 总 则

第一条 为了保证食品安全，保障公众身体健康和生命安全，制定本法。

第二条 在中华人民共和国境内从事下列活动，应当遵守本法：

（一）食品生产和加工（以下称食品生产），食品销售和餐饮服务（以下称食品经营）；

（二）食品添加剂的生产经营；

（三）用于食品的包装材料、容器、洗涤剂、消毒剂和用于食品生产经营的工具、设备（以下称食品相关产品）的生产经营；

（四）食品生产经营者使用食品添加剂、食品相关产品；

（五）食品的贮存和运输；

（六）对食品、食品添加剂、食品相关产品的安全管理。

供食用的源于农业的初级产品（以下称食用农产品）的质量安全管理，遵守《中华人民共和国农产品质量安全法》的规定。但是，食用农产品的市场销售、有关质量安全标准的制定、有关安全信息的公布和本法对农业投入品作出规定的，应当遵守本法的规定。

第三条 食品安全工作实行预防为主、风险管理、全程控制、社会共治，建立科学、严格的监督管理制度。

第四条 食品生产经营者对其生产经营食品的安全负责。

食品生产经营者应当依照法律、法规和食品安全标准从事生产经营活动，保证食品安全，诚信自律，对社会和公众负责，接受社会监督，承担社会责任。

第五条 国务院设立食品安全委员会，其职责由国务院规定。

国务院食品安全监督管理部门依照本法和国务院规定的职责，对食品生产经营活动实施监督管理。

国务院卫生行政部门依照本法和国务院规定的职责，组织开展食品安全风险监测和风险评估，会同国务院食品安全监督管理部门制定并公布食品安全国家标准。

国务院其他有关部门依照本法和国务院规定的职责，承担有关食品安全工作。

第六条 县级以上地方人民政府对本行政区域的食品安全监督管理工作负责，统一领导、组织、协调本行政区域的食品安全监督管理工作以及食品安全突发事件应对工作，建立健全食品安全全程监督管理工作机制和信息共享机制。

县级以上地方人民政府依照本法和国务院的规定，确定本级食品安全监督管理、卫生行政部门和其他有关部门的职责。有关部门在各自职责范围内负责本行政区域的食品安全监督管理工作。

县级人民政府食品安全监督管理部门可以在乡镇或者特定区域设立派出机构。

第七条 县级以上地方人民政府实行食品安全监督管理责任制。上级人民政府负责对下一级人民政府的食品安全监督管理工作进行评议、考核。县级以上地方人民政府负责对本级食品安全监督管理部门和其他有关部门的食品安全监督管理工作进行评议、考核。

第八条 县级以上人民政府应当将食品安全工作纳入本级国民经济和社会发展规划，将食品安全工作经费列入本级政府财政预算，加强食品安全监督管理能力建设，为食品安全工作提供保障。

县级以上人民政府食品安全监督管理部门和其他有关部门应当加强沟通、密切配合，按照各自职责分工，依法行使职权，承担责任。

第九条 食品行业协会应当加强行业自律，按照章程建立健全行业规范和奖惩机制，提供食品安全信息、技术等服务，引导和督促食品生产经营者依法生产经营，推动行业诚信建设，宣传、普及食品安全知识。

消费者协会和其他消费者组织对违反本法规定，损害消费者合法权益的行为，依法进行社会监督。

第十条 各级人民政府应当加强食品安全的宣传教育，普及食品安全知识，鼓励社会组织、基层群众性自治组织、食品生产经营者开展食品安全法律、法规以及食品安全标准和知识的普及工作，倡导健康的饮食方式，增强消费者食品安全意识和自我保护能力。

新闻媒体应当开展食品安全法律、法规以及食品安全标准和知识的公益宣传，并对食品安全违法行为进行舆论监督。有关食品安全的宣传报道应当真实、公正。

第十一条 国家鼓励和支持开展与食品安全有关的基础研究、应用研究，鼓励和支持食品生产经营者为提高食品安全水平采用先进技术和先进管理规范。

国家对农药的使用实行严格的管理制度，加快淘汰剧毒、高毒、高残留农药，推动替代产品的研发和应用，鼓励使用高效低毒低残留农药。

第十二条 任何组织或者个人有权举报食品安全违法行为，依法向有关部门了解食品安全信息，对食品安全监督管理工作提出意见和建议。

第十三条 对在食品安全工作中做出突出贡献的单位和个人，按照国家有关规定给予表彰、奖励。

第二章 食品安全风险监测和评估

第十四条 国家建立食品安全风险监测制度，对食源性疾病、食品污染以及食品中的有害因素进行监测。

国务院卫生行政部门会同国务院食品安全监督管理等部门，制定、实施国家食品安全风险监测计划。

国务院食品安全监督管理部门和其他有关部门获知有关食品安全风险信息后，应当立即核实并向国务院卫生行政部门通报。对有关部门通报的食品安全风险信息以及医疗机构报告的食源性疾病等有关疾病信息，国务院卫生行政部门应当会同国务院有关部门分析研究，认为必要的，及时调整国家食品安全风险监测计划。

省、自治区、直辖市人民政府卫生行政部门会同同级食品安全监督管理等部门，根据国家食品安全风险监测计划，结合本行政区域的具体情况，制定、调整本行政区域的食品安全风险监测方案，报国务院卫生行政部门备案并实施。

第十五条　承担食品安全风险监测工作的技术机构应当根据食品安全风险监测计划和监测方案开展监测工作，保证监测数据真实、准确，并按照食品安全风险监测计划和监测方案的要求报送监测数据和分析结果。

食品安全风险监测工作人员有权进入相关食用农产品种植养殖、食品生产经营场所采集样品、收集相关数据。采集样品应当按照市场价格支付费用。

第十六条　食品安全风险监测结果表明可能存在食品安全隐患的，县级以上人民政府卫生行政部门应当及时将相关信息通报同级食品安全监督管理等部门，并报告本级人民政府和上级人民政府卫生行政部门。食品安全监督管理等部门应当组织开展进一步调查。

第十七条　国家建立食品安全风险评估制度，运用科学方法，根据食品安全风险监测信息、科学数据以及有关信息，对食品、食品添加剂、食品相关产品中生物性、化学性和物理性危害因素进行风险评估。

国务院卫生行政部门负责组织食品安全风险评估工作，成立由医学、农业、食品、营养、生物、环境等方面的专家组成的食品安全风险评估专家委员会进行食品安全风险评估。食品安全风险评估结果由国务院卫生行政部门公布。

对农药、肥料、兽药、饲料和饲料添加剂等的安全性评估，应当有食品安全风险评估专家委员会的专家参加。

食品安全风险评估不得向生产经营者收取费用，采集样品应当按照市场价格支付费用。

第十八条　有下列情形之一的，应当进行食品安全风险评估：

（一）通过食品安全风险监测或者接到举报发现食品、食品添加剂、食品相关产品可能存在安全隐患的；

（二）为制定或者修订食品安全国家标准提供科学依据需要进行风险评估的；

（三）为确定监督管理的重点领域、重点品种需要进行风险评估的；

（四）发现新的可能危害食品安全因素的；

（五）需要判断某一因素是否构成食品安全隐患的；

（六）国务院卫生行政部门认为需要进行风险评估的其他情形。

第十九条　国务院食品安全监督管理、农业行政等部门在监督管理工作中发现需要进行食品安全风险评估的，应当向国务院卫生行政部门提出食品安全风险评估的建议，并提供风险来源、相关检验数据和结论等信息、资料。属于本法第十八条规定情形的，国务院卫生行政部门应当及时进行食品安全风险评估，并向国务院有关部门通报评估结果。

第二十条　省级以上人民政府卫生行政、农业行政部门应当及时相互通报食品、食用农产品安全风险监测信息。

国务院卫生行政、农业行政部门应当及时相互通报食品、食用农产品安全风险评估结果等信息。

第二十一条　食品安全风险评估结果是制定、修订食品安全标准和实施食品安全监督管理的科学依据。

经食品安全风险评估，得出食品、食品添加剂、食品相关产品不安全结论的，国务院食品安全监督管理等部门应当依据各自职责立即向社会公告，告知消费者停止食用或者使用，并采取相应措施，确保该食品、食品添加剂、食品相关产品停止生产经营；需要制定、修订相关食品安全国家标准的，国务院卫生行政部门应当会同国务院食品安全监督管理部门立即制定、修订。

第二十二条　国务院食品安全监督管理部门应当会同国务院有关部门，根据食品安全风险评估结果、食品安全监督管理信息，对食品安全状况进行综合分析。对经综合分析表明可能具有较高程度安全风险的食品，国务院食品安全监督管理部门应当及时提出食品安全风险警示，并向社会公布。

第二十三条　县级以上人民政府食品安全监督管理部门和其他有关部门、食品安全风险评估专家委员会及其技术机构，应当按照科学、客观、及时、公开的原则，组织食品生产经营者、食品检验机构、认证机构、食品行业协会、消费者协会以及新闻媒体等，就食品安全风险评估信息和食品安全监督管理信息进行交流沟通。

第三章　食品安全标准

第二十四条　制定食品安全标准，应当以保障公众身体健康为宗旨，做到科学合理、安全可靠。

第二十五条　食品安全标准是强制执行的标准。除食品安全标准外，不得制定其他食品强制性标准。

第二十六条　食品安全标准应当包括下列内容：

（一）食品、食品添加剂、食品相关产品中的致病性微生物，农药残留、兽药残留、生物毒素、重金属等污染物质以及其他危害人体健康物质的限量规定；

（二）食品添加剂的品种、使用范围、用量；

（三）专供婴幼儿和其他特定人群的主辅食品的营养成分要求；

（四）对与卫生、营养等食品安全要求有关的标签、标志、说明书的要求；

（五）食品生产经营过程的卫生要求；

（六）与食品安全有关的质量要求；

（七）与食品安全有关的食品检验方法与规程；

（八）其他需要制定为食品安全标准的内容。

第二十七条　食品安全国家标准由国务院卫生行政部门会同国务院食品安全监督管理部门制定、公布，国务院标准化行政部门提供国家标准编号。

食品中农药残留、兽药残留的限量规定及其检验方法与规程由国务院卫生行政部门、国务院农业行政部门会同国务院食品安全监督管理部门制定。

屠宰畜、禽的检验规程由国务院农业行政部门会同国务院卫生行政部门制定。

第二十八条　制定食品安全国家标准，应当依据食品安全风险评估结果并充分考虑食用农产品安全风险评估结果，参照相关的国际标准和国际食品安全风险评估结果，并将食品安全国家标准草案向社会公布，广泛听取食品生产经营者、消费者、有关部门等方面的意见。

食品安全国家标准应当经国务院卫生行政部门组织的食品安全国家标

准审评委员会审查通过。食品安全国家标准审评委员会由医学、农业、食品、营养、生物、环境等方面的专家以及国务院有关部门、食品行业协会、消费者协会的代表组成，对食品安全国家标准草案的科学性和实用性等进行审查。

第二十九条　对地方特色食品，没有食品安全国家标准的，省、自治区、直辖市人民政府卫生行政部门可以制定并公布食品安全地方标准，报国务院卫生行政部门备案。食品安全国家标准制定后，该地方标准即行废止。

第三十条　国家鼓励食品生产企业制定严于食品安全国家标准或者地方标准的企业标准，在本企业适用，并报省、自治区、直辖市人民政府卫生行政部门备案。

第三十一条　省级以上人民政府卫生行政部门应当在其网站上公布制定和备案的食品安全国家标准、地方标准和企业标准，供公众免费查阅、下载。

对食品安全标准执行过程中的问题，县级以上人民政府卫生行政部门应当会同有关部门及时给予指导、解答。

第三十二条　省级以上人民政府卫生行政部门应当会同同级食品安全监督管理、农业行政等部门，分别对食品安全国家标准和地方标准的执行情况进行跟踪评价，并根据评价结果及时修订食品安全标准。

省级以上人民政府食品安全监督管理、农业行政等部门应当对食品安全标准执行中存在的问题进行收集、汇总，并及时向同级卫生行政部门通报。

食品生产经营者、食品行业协会发现食品安全标准在执行中存在问题的，应当立即向卫生行政部门报告。

第四章　食品生产经营

第一节　一般规定

第三十三条　食品生产经营应当符合食品安全标准，并符合下列要求：

（一）具有与生产经营的食品品种、数量相适应的食品原料处理和食品加工、包装、贮存等场所，保持该场所环境整洁，并与有毒、有害场所以及其他污染源保持规定的距离；

（二）具有与生产经营的食品品种、数量相适应的生产经营设备或者设施，有相应的消毒、更衣、盥洗、采光、照明、通风、防腐、防尘、防蝇、防鼠、防虫、洗涤以及处理废水、存放垃圾和废弃物的设备或者设施；

（三）有专职或者兼职的食品安全专业技术人员、食品安全管理人员和保证食品安全的规章制度；

（四）具有合理的设备布局和工艺流程，防止待加工食品与直接入口食品、原料与成品交叉污染，避免食品接触有毒物、不洁物；

（五）餐具、饮具和盛放直接入口食品的容器，使用前应当洗净、消毒，炊具、用具用后应当洗净，保持清洁；

（六）贮存、运输和装卸食品的容器、工具和设备应当安全、无害，保持清洁，防止食品污染，并符合保证食品安全所需的温度、湿度等特殊要求，不得将食品与有毒、有害物品一同贮存、运输；

（七）直接入口的食品应当使用无毒、清洁的包装材料、餐具、饮具和容器；

（八）食品生产经营人员应当保持个人卫生，生产经营食品时，应当将手洗净，穿戴清洁的工作衣、帽等；销售无包装的直接入口食品时，应当使用无毒、清洁的容器、售货工具和设备；

（九）用水应当符合国家规定的生活饮用水卫生标准；

（十）使用的洗涤剂、消毒剂应当对人体安全、无害；

（十一）法律、法规规定的其他要求。

非食品生产经营者从事食品贮存、运输和装卸的，应当符合前款第六项的规定。

第三十四条 禁止生产经营下列食品、食品添加剂、食品相关产品：

（一）用非食品原料生产的食品或者添加食品添加剂以外的化学物质和其他可能危害人体健康物质的食品，或者用回收食品作为原料生产的食品；

（二）致病性微生物，农药残留、兽药残留、生物毒素、重金属等污染物质以及其他危害人体健康的物质含量超过食品安全标准限量的食品、食品添加剂、食品相关产品；

（三）用超过保质期的食品原料、食品添加剂生产的食品、食品添加剂；

（四）超范围、超限量使用食品添加剂的食品；

（五）营养成分不符合食品安全标准的专供婴幼儿和其他特定人群的主辅食品；

（六）腐败变质、油脂酸败、霉变生虫、污秽不洁、混有异物、掺假掺杂或者感官性状异常的食品、食品添加剂；

（七）病死、毒死或者死因不明的禽、畜、兽、水产动物肉类及其制品；

（八）未按规定进行检疫或者检疫不合格的肉类，或者未经检验或者检验不合格的肉类制品；

（九）被包装材料、容器、运输工具等污染的食品、食品添加剂；

（十）标注虚假生产日期、保质期或者超过保质期的食品、食品添加剂；

（十一）无标签的预包装食品、食品添加剂；

（十二）国家为防病等特殊需要明令禁止生产经营的食品；

（十三）其他不符合法律、法规或者食品安全标准的食品、食品添加剂、食品相关产品。

第三十五条 国家对食品生产经营实行许可制度。从事食品生产、食品销售、餐饮服务，应当依法取得许可。但是，销售食用农产品和仅销售预包装食品的，不需要取得许可。仅销售预包装食品的，应当报所在地县级以上地方人民政府食品安全监督管理部门备案。

县级以上地方人民政府食品安全监督管理部门应当依照《中华人民共和国行政许可法》的规定，审核申请人提交的本法第三十三条第一款第一项至第四项规定要求的相关资料，必要时对申请人的生产经营场所进行现场核查；对符合规定条件的，准予许可；对不符合规定条件的，不予许可并书面说明理由。

第三十六条 食品生产加工小作坊和食品摊贩等从事食品生产经营活动，应当符合本法规定的与其生产经营规模、条件相适应的食品安全要求，保证所生产经营的食品卫生、无毒、无害，食品安全监督管理部门应当对其加强监督管理。

县级以上地方人民政府应当对食品生产加工小作坊、食品摊贩等进行综合治理，加强服务和统一规划，改善其生产经营环境，鼓励和支持其改进生产经营条件，进入集中交易市场、店铺等固定场所经营，或者在指定的临时经营区域、时段经营。

食品生产加工小作坊和食品摊贩等的具体管理办法由省、自治区、直辖市制定。

第三十七条　利用新的食品原料生产食品，或者生产食品添加剂新品种、食品相关产品新品种，应当向国务院卫生行政部门提交相关产品的安全性评估材料。国务院卫生行政部门应当自收到申请之日起六十日内组织审查；对符合食品安全要求的，准予许可并公布；对不符合食品安全要求的，不予许可并书面说明理由。

第三十八条　生产经营的食品中不得添加药品，但是可以添加按照传统既是食品又是中药材的物质。按照传统既是食品又是中药材的物质目录由国务院卫生行政部门会同国务院食品安全监督管理部门制定、公布。

第三十九条　国家对食品添加剂生产实行许可制度。从事食品添加剂生产，应当具有与所生产食品添加剂品种相适应的场所、生产设备或者设施、专业技术人员和管理制度，并依照本法第三十五条第二款规定的程序，取得食品添加剂生产许可。

生产食品添加剂应当符合法律、法规和食品安全国家标准。

第四十条　食品添加剂应当在技术上确有必要且经过风险评估证明安全可靠，方可列入允许使用的范围；有关食品安全国家标准应当根据技术必要性和食品安全风险评估结果及时修订。

食品生产经营者应当按照食品安全国家标准使用食品添加剂。

第四十一条　生产食品相关产品应当符合法律、法规和食品安全国家标准。对直接接触食品的包装材料等具有较高风险的食品相关产品，按照国家有关工业产品生产许可证管理的规定实施生产许可。食品安全监督管理部门应当加强对食品相关产品生产活动的监督管理。

第四十二条　国家建立食品安全全程追溯制度。

食品生产经营者应当依照本法的规定，建立食品安全追溯体系，保证食品可追溯。国家鼓励食品生产经营者采用信息化手段采集、留存生产经营信息，建立食品安全追溯体系。

国务院食品安全监督管理部门会同国务院农业行政等有关部门建立食品安全全程追溯协作机制。

第四十三条　地方各级人民政府应当采取措施鼓励食品规模化生产和连锁经营、配送。

国家鼓励食品生产经营企业参加食品安全责任保险。

第二节　生产经营过程控制

第四十四条　食品生产经营企业应当建立健全食品安全管理制度，对职工进行食品安全知识培训，加强食品检验工作，依法从事生产经营活动。

食品生产经营企业的主要负责人应当落实企业食品安全管理制度，对本企业的食品安全工作全面负责。

食品生产经营企业应当配备食品安全管理人员，加强对其培训和考核。经考核不具备食品安全管理能力的，不得上岗。食品安全监督管理部门应当对企业食品安全管理人员随机进行监督抽查考核并公布考核情况。监督抽查考核不得收取费用。

第四十五条　食品生产经营者应当建立并执行从业人员健康管理制度。患有国务院卫生行政部门规定的有碍食品安全疾病的人员，不得从事接触直接入口食品的工作。

从事接触直接入口食品工作的食品生产经营人员应当每年进行健康检查，取得健康证明后方可上岗工作。

第四十六条　食品生产企业应当就下列事项制定并实施控制要求，保证所生产的食品符合食品安全标准：

（一）原料采购、原料验收、投料等原料控制；

（二）生产工序、设备、贮存、包装等生产关键环节控制；

（三）原料检验、半成品检验、成品出厂检验等检验控制；

（四）运输和交付控制。

第四十七条　食品生产经营者应当建立食品安全自查制度，定期对食品安全状况进行检查评价。生产经营条件发生变化，不再符合食品安全要求的，食品生产经营者应当立即采取整改措施；有发生食品安全事故潜在风险的，应当立即停止食品生产经营活动，并向所在地县级人民政府食品安全监督管理部门报告。

第四十八条 国家鼓励食品生产经营企业符合良好生产规范要求，实施危害分析与关键控制点体系，提高食品安全管理水平。

对通过良好生产规范、危害分析与关键控制点体系认证的食品生产经营企业，认证机构应当依法实施跟踪调查；对不再符合认证要求的企业，应当依法撤销认证，及时向县级以上人民政府食品安全监督管理部门通报，并向社会公布。认证机构实施跟踪调查不得收取费用。

第四十九条 食用农产品生产者应当按照食品安全标准和国家有关规定使用农药、肥料、兽药、饲料和饲料添加剂等农业投入品，严格执行农业投入品使用安全间隔期或者休药期的规定，不得使用国家明令禁止的农业投入品。禁止将剧毒、高毒农药用于蔬菜、瓜果、茶叶和中草药材等国家规定的农作物。

食用农产品的生产企业和农民专业合作经济组织应当建立农业投入品使用记录制度。

县级以上人民政府农业行政部门应当加强对农业投入品使用的监督管理和指导，建立健全农业投入品安全使用制度。

第五十条 食品生产者采购食品原料、食品添加剂、食品相关产品，应当查验供货者的许可证和产品合格证明；对无法提供合格证明的食品原料，应当按照食品安全标准进行检验；不得采购或者使用不符合食品安全标准的食品原料、食品添加剂、食品相关产品。

食品生产企业应当建立食品原料、食品添加剂、食品相关产品进货查验记录制度，如实记录食品原料、食品添加剂、食品相关产品的名称、规格、数量、生产日期或者生产批号、保质期、进货日期以及供货者名称、地址、联系方式等内容，并保存相关凭证。记录和凭证保存期限不得少于产品保质期满后六个月；没有明确保质期的，保存期限不得少于二年。

第五十一条 食品生产企业应当建立食品出厂检验记录制度，查验出厂食品的检验合格证和安全状况，如实记录食品的名称、规格、数量、生产日期或者生产批号、保质期、检验合格证号、销售日期以及购货者名称、地址、联系方式等内容，并保存相关凭证。记录和凭证保存期限应当符合本法第五十条第二款的规定。

第五十二条 食品、食品添加剂、食品相关产品的生产者，应当按照食品安全标准对所生产的食品、食品添加剂、食品相关产品进行检验，检验合格后方可出厂或者销售。

第五十三条 食品经营者采购食品，应当查验供货者的许可证和食品出厂检验合格证或者其他合格证明（以下称合格证明文件）。

食品经营企业应当建立食品进货查验记录制度，如实记录食品的名称、规格、数量、生产日期或者生产批号、保质期、进货日期以及供货者名称、地址、联系方式等内容，并保存相关凭证。记录和凭证保存期限应当符合本法第五十条第二款的规定。

实行统一配送经营方式的食品经营企业，可以由企业总部统一查验供货者的许可证和食品合格证明文件，进行食品进货查验记录。

从事食品批发业务的经营企业应当建立食品销售记录制度，如实记录批发食品的名称、规格、数量、生产日期或者生产批号、保质期、销售日期以及购货者名称、地址、联系方式等内容，并保存相关凭证。记录和凭证保存期限应当符合本法第五十条第二款的规定。

第五十四条 食品经营者应当按照保证食品安全的要求贮存食品，定期检查库存食品，及时清理变质或者超过保质期的食品。

食品经营者贮存散装食品，应当在贮存位置标明食品的名称、生产日期或者生产批号、保质期、生产者名称及联系方式等内容。

第五十五条 餐饮服务提供者应当制定并实施原料控制要求，不得采购不符合食品安全标准的食品原料。倡导餐饮服务提供者公开加工过程，公示食品原料及其来源等信息。

餐饮服务提供者在加工过程中应当检查待加工的食品及原料，发现有本法第三十四条第六项规定情形的，不得加工或者使用。

第五十六条 餐饮服务提供者应当定期维护食品加工、贮存、陈列等设施、设备；定期清洗、校验保温设施及冷藏、冷冻设施。

餐饮服务提供者应当按照要求对餐具、饮具进行清洗消毒，不得使用未经清洗消毒的餐具、饮具；餐饮服务提供者委托清洗消毒餐具、饮具的，应当委托符合本法规定条件的餐具、饮具集中消毒服务单位。

第五十七条 学校、托幼机构、养老机构、建筑工地等集中用餐单位的食堂应当严格遵守法律、法规和食品安全标准；从供餐单位订餐的，应当从取得食品生产经营许可的企业订购，并按照要求对订购的食品进行查验。供餐单位应当严格遵守法律、法规和食品安全标准，当餐加工，确保食品安全。

学校、托幼机构、养老机构、建筑工地等集中用餐单位的主管部门应当加强对集中用餐单位的食品安全教育和日常管理，降低食品安全风险，及时消除食品安全隐患。

第五十八条 餐具、饮具集中消毒服务单位应当具备相应的作业场所、清洗消毒设备或者设施，用水和使用的洗涤剂、消毒剂应当符合相关食品安全国家标准和其他国家标准、卫生规范。

餐具、饮具集中消毒服务单位应当对消毒餐具、饮具进行逐批检验，检验合格后方可出厂，并应当随附消毒合格证明。消毒后的餐具、饮具应当在独立包装上标注单位名称、地址、联系方式、消毒日期以及使用期限等内容。

第五十九条 食品添加剂生产者应当建立食品添加剂出厂检验记录制度，查验出厂产品的检验合格证和安全状况，如实记录食品添加剂的名称、规格、数量、生产日期或者生产批号、保质期、检验合格证号、销售日期以及购货者名称、地址、联系方式等相关内容，并保存相关凭证。记录和凭证保存期限应当符合本法第五十条第二款的规定。

第六十条 食品添加剂经营者采购食品添加剂，应当依法查验供货者的许可证和产品合格证明文件，如实记录食品添加剂的名称、规格、数量、生产日期或者生产批号、保质期、进货日期以及供货者名称、地址、联系方式等内容，并保存相关凭证。记录和凭证保存期限应当符合本法第五十条第二款的规定。

第六十一条 集中交易市场的开办者、柜台出租者和展销会举办者，应当依法审查入场食品经营者的许可证，明确其食品安全管理责任，定期对其经营环境和条件进行检查，发现其有违反本法规定行为的，应当及时制止并立即报告所在地县级人民政府食品安全监督管理部门。

第六十二条 网络食品交易第三方平台提供者应当对入网食品经营者进行实名登记，明确其食品安全管理责任；依法应当取得许可证的，还应当审查其许可证。

网络食品交易第三方平台提供者发现入网食品经营者有违反本法规定行为的，应当及时制止并立即报告所在地县级人民政府食品安全监督管理部门；发现严重违法行为的，应当立即停止提供网络交易平台服务。

第六十三条　国家建立食品召回制度。食品生产者发现其生产的食品不符合食品安全标准或者有证据证明可能危害人体健康的，应当立即停止生产，召回已经上市销售的食品，通知相关生产经营者和消费者，并记录召回和通知情况。

食品经营者发现其经营的食品有前款规定情形的，应当立即停止经营，通知相关生产经营者和消费者，并记录停止经营和通知情况。食品生产者认为应当召回的，应当立即召回。由于食品经营者的原因造成其经营的食品有前款规定情形的，食品经营者应当召回。

食品生产经营者应当对召回的食品采取无害化处理、销毁等措施，防止其再次流入市场。但是，对因标签、标志或者说明书不符合食品安全标准而被召回的食品，食品生产者在采取补救措施且能保证食品安全的情况下可以继续销售；销售时应当向消费者明示补救措施。

食品生产经营者应当将食品召回和处理情况向所在地县级人民政府食品安全监督管理部门报告；需要对召回的食品进行无害化处理、销毁的，应当提前报告时间、地点。食品安全监督管理部门认为必要的，可以实施现场监督。

食品生产经营者未依照本条规定召回或者停止经营的，县级以上人民政府食品安全监督管理部门可以责令其召回或者停止经营。

第六十四条　食用农产品批发市场应当配备检验设备和检验人员或者委托符合本法规定的食品检验机构，对进入该批发市场销售的食用农产品进行抽样检验；发现不符合食品安全标准的，应当要求销售者立即停止销售，并向食品安全监督管理部门报告。

第六十五条　食用农产品销售者应当建立食用农产品进货查验记录制度，如实记录食用农产品的名称、数量、进货日期以及供货者名称、地址、联系方式等内容，并保存相关凭证。记录和凭证保存期限不得少于六个月。

第六十六条　进入市场销售的食用农产品在包装、保鲜、贮存、运输中使用保鲜剂、防腐剂等食品添加剂和包装材料等食品相关产品，应当符合食品安全国家标准。

第三节 标签、说明书和广告

第六十七条 预包装食品的包装上应当有标签。标签应当标明下列事项：

（一）名称、规格、净含量、生产日期；

（二）成分或者配料表；

（三）生产者的名称、地址、联系方式；

（四）保质期；

（五）产品标准代号；

（六）贮存条件；

（七）所使用的食品添加剂在国家标准中的通用名称；

（八）生产许可证编号；

（九）法律、法规或者食品安全标准规定应当标明的其他事项。

专供婴幼儿和其他特定人群的主辅食品，其标签还应当标明主要营养成分及其含量。

食品安全国家标准对标签标注事项另有规定的，从其规定。

第六十八条 食品经营者销售散装食品，应当在散装食品的容器、外包装上标明食品的名称、生产日期或者生产批号、保质期以及生产经营者名称、地址、联系方式等内容。

第六十九条 生产经营转基因食品应当按照规定显著标示。

第七十条 食品添加剂应当有标签、说明书和包装。标签、说明书应当载明本法第六十七条第一款第一项至第六项、第八项、第九项规定的事项，以及食品添加剂的使用范围、用量、使用方法，并在标签上载明"食品添加剂"字样。

第七十一条 食品和食品添加剂的标签、说明书，不得含有虚假内容，不得涉及疾病预防、治疗功能。生产经营者对其提供的标签、说明书的内容负责。

食品和食品添加剂的标签、说明书应当清楚、明显，生产日期、保质期等事项应当显著标注，容易辨识。

食品和食品添加剂与其标签、说明书的内容不符的，不得上市销售。

第七十二条 食品经营者应当按照食品标签标示的警示标志、警示说明或者注意事项的要求销售食品。

第七十三条　食品广告的内容应当真实合法，不得含有虚假内容，不得涉及疾病预防、治疗功能。食品生产经营者对食品广告内容的真实性、合法性负责。

县级以上人民政府食品安全监督管理部门和其他有关部门以及食品检验机构、食品行业协会不得以广告或者其他形式向消费者推荐食品。消费者组织不得以收取费用或者其他牟取利益的方式向消费者推荐食品。

第四节　特殊食品

第七十四条　国家对保健食品、特殊医学用途配方食品和婴幼儿配方食品等特殊食品实行严格监督管理。

第七十五条　保健食品声称保健功能，应当具有科学依据，不得对人体产生急性、亚急性或者慢性危害。

保健食品原料目录和允许保健食品声称的保健功能目录，由国务院食品安全监督管理部门会同国务院卫生行政部门、国家中医药管理部门制定、调整并公布。

保健食品原料目录应当包括原料名称、用量及其对应的功效；列入保健食品原料目录的原料只能用于保健食品生产，不得用于其他食品生产。

第七十六条　使用保健食品原料目录以外原料的保健食品和首次进口的保健食品应当经国务院食品安全监督管理部门注册。但是，首次进口的保健食品中属于补充维生素、矿物质等营养物质的，应当报国务院食品安全监督管理部门备案。其他保健食品应当报省、自治区、直辖市人民政府食品安全监督管理部门备案。

进口的保健食品应当是出口国（地区）主管部门准许上市销售的产品。

第七十七条　依法应当注册的保健食品，注册时应当提交保健食品的研发报告、产品配方、生产工艺、安全性和保健功能评价、标签、说明书等材料及样品，并提供相关证明文件。国务院食品安全监督管理部门经组织技术审评，对符合安全和功能声称要求的，准予注册；对不符合要求的，不予注册并书面说明理由。对使用保健食品原料目录以外原料的保健食品作出准予注册决定的，应当及时将该原料纳入保健食品原料目录。

依法应当备案的保健食品，备案时应当提交产品配方、生产工艺、标签、说明书以及表明产品安全性和保健功能的材料。

第七十八条 保健食品的标签、说明书不得涉及疾病预防、治疗功能，内容应当真实，与注册或者备案的内容相一致，载明适宜人群、不适宜人群、功效成分或者标志性成分及其含量等，并声明"本品不能代替药物"。保健食品的功能和成分应当与标签、说明书相一致。

第七十九条 保健食品广告除应当符合本法第七十三条第一款的规定外，还应当声明"本品不能代替药物"；其内容应当经生产企业所在地省、自治区、直辖市人民政府食品安全监督管理部门审查批准，取得保健食品广告批准文件。省、自治区、直辖市人民政府食品安全监督管理部门应当公布并及时更新已经批准的保健食品广告目录以及批准的广告内容。

第八十条 特殊医学用途配方食品应当经国务院食品安全监督管理部门注册。注册时，应当提交产品配方、生产工艺、标签、说明书以及表明产品安全性、营养充足性和特殊医学用途临床效果的材料。

特殊医学用途配方食品广告适用《中华人民共和国广告法》和其他法律、行政法规关于药品广告管理的规定。

第八十一条 婴幼儿配方食品生产企业应当实施从原料进厂到成品出厂的全过程质量控制，对出厂的婴幼儿配方食品实施逐批检验，保证食品安全。

生产婴幼儿配方食品使用的生鲜乳、辅料等食品原料、食品添加剂等，应当符合法律、行政法规的规定和食品安全国家标准，保证婴幼儿生长发育所需的营养成分。

婴幼儿配方食品生产企业应当将食品原料、食品添加剂、产品配方及标签等事项向省、自治区、直辖市人民政府食品安全监督管理部门备案。

婴幼儿配方乳粉的产品配方应当经国务院食品安全监督管理部门注册。注册时，应当提交配方研发报告和其他表明配方科学性、安全性的材料。

不得以分装方式生产婴幼儿配方乳粉，同一企业不得用同一配方生产不同品牌的婴幼儿配方乳粉。

第八十二条 保健食品、特殊医学用途配方食品、婴幼儿配方乳粉的注册人或者备案人应当对其提交材料的真实性负责。

省级以上人民政府食品安全监督管理部门应当及时公布注册或者备案的保健食品、特殊医学用途配方食品、婴幼儿配方乳粉目录，并对注册或者备案中获知的企业商业秘密予以保密。

保健食品、特殊医学用途配方食品、婴幼儿配方乳粉生产企业应当按照注册或者备案的产品配方、生产工艺等技术要求组织生产。

第八十三条　生产保健食品，特殊医学用途配方食品、婴幼儿配方食品和其他专供特定人群的主辅食品的企业，应当按照良好生产规范的要求建立与所生产食品相适应的生产质量管理体系，定期对该体系的运行情况进行自查，保证其有效运行，并向所在地县级人民政府食品安全监督管理部门提交自查报告。

第五章　食品检验

第八十四条　食品检验机构按照国家有关认证认可的规定取得资质认定后，方可从事食品检验活动。但是，法律另有规定的除外。

食品检验机构的资质认定条件和检验规范，由国务院食品安全监督管理部门规定。

符合本法规定的食品检验机构出具的检验报告具有同等效力。

县级以上人民政府应当整合食品检验资源，实现资源共享。

第八十五条　食品检验由食品检验机构指定的检验人独立进行。

检验人应当依照有关法律、法规的规定，并按照食品安全标准和检验规范对食品进行检验，尊重科学，恪守职业道德，保证出具的检验数据和结论客观、公正，不得出具虚假检验报告。

第八十六条　食品检验实行食品检验机构与检验人负责制。食品检验报告应当加盖食品检验机构公章，并有检验人的签名或者盖章。食品检验机构和检验人对出具的食品检验报告负责。

第八十七条　县级以上人民政府食品安全监督管理部门应当对食品进行定期或者不定期的抽样检验，并依据有关规定公布检验结果，不得免检。进行抽样检验，应当购买抽取的样品，委托符合本法规定的食品检验机构进行检验，并支付相关费用；不得向食品生产经营者收取检验费和其他费用。

第八十八条　对依照本法规定实施的检验结论有异议的，食品生产经营者可以自收到检验结论之日起七个工作日内向实施抽样检验的食品安全监督管理部门或者其上一级食品安全监督管理部门提出复检申请，由受理复检申请的食品安全监督管理部门在公布的复检机构名录中随机确定复检机构进行复检。复检机构出具的复检结论为最终检验结论。复检机构与初检机构不得为同一机构。复检机构名录由国务院认证认可监督管理、食品安全监督管理、卫生行政、农业行政等部门共同公布。

采用国家规定的快速检测方法对食用农产品进行抽查检测，被抽查人对检测结果有异议的，可以自收到检测结果时起四小时内申请复检。复检不得采用快速检测方法。

第八十九条 食品生产企业可以自行对所生产的食品进行检验，也可以委托符合本法规定的食品检验机构进行检验。

食品行业协会和消费者协会等组织、消费者需要委托食品检验机构对食品进行检验的，应当委托符合本法规定的食品检验机构进行。

第九十条 食品添加剂的检验，适用本法有关食品检验的规定。

第六章　食品进出口

第九十一条 国家出入境检验检疫部门对进出口食品安全实施监督管理。

第九十二条 进口的食品、食品添加剂、食品相关产品应当符合我国食品安全国家标准。

进口的食品、食品添加剂应当经出入境检验检疫机构依照进出口商品检验相关法律、行政法规的规定检验合格。

进口的食品、食品添加剂应当按照国家出入境检验检疫部门的要求随附合格证明材料。

第九十三条 进口尚无食品安全国家标准的食品，由境外出口商、境外生产企业或者其委托的进口商向国务院卫生行政部门提交所执行的相关国家（地区）标准或者国际标准。国务院卫生行政部门对相关标准进行审查，认为符合食品安全要求的，决定暂予适用，并及时制定相应的食品安全国家标准。进口利用新的食品原料生产的食品或者进口食品添加剂新品种、食品相关产品新品种，依照本法第三十七条的规定办理。

出入境检验检疫机构按照国务院卫生行政部门的要求，对前款规定的食品、食品添加剂、食品相关产品进行检验。检验结果应当公开。

第九十四条　境外出口商、境外生产企业应当保证向我国出口的食品、食品添加剂、食品相关产品符合本法以及我国其他有关法律、行政法规的规定和食品安全国家标准的要求，并对标签、说明书的内容负责。

进口商应当建立境外出口商、境外生产企业审核制度，重点审核前款规定的内容；审核不合格的，不得进口。

发现进口食品不符合我国食品安全国家标准或者有证据证明可能危害人体健康的，进口商应当立即停止进口，并依照本法第六十三条的规定召回。

第九十五条　境外发生的食品安全事件可能对我国境内造成影响，或者在进口食品、食品添加剂、食品相关产品中发现严重食品安全问题的，国家出入境检验检疫部门应当及时采取风险预警或者控制措施，并向国务院食品安全监督管理、卫生行政、农业行政部门通报。接到通报的部门应当及时采取相应措施。

县级以上人民政府食品安全监督管理部门对国内市场上销售的进口食品、食品添加剂实施监督管理。发现存在严重食品安全问题的，国务院食品安全监督管理部门应当及时向国家出入境检验检疫部门通报。国家出入境检验检疫部门应当及时采取相应措施。

第九十六条　向我国境内出口食品的境外出口商或者代理商、进口食品的进口商应当向国家出入境检验检疫部门备案。向我国境内出口食品的境外食品生产企业应当经国家出入境检验检疫部门注册。已经注册的境外食品生产企业提供虚假材料，或者因其自身的原因致使进口食品发生重大食品安全事故的，国家出入境检验检疫部门应当撤销注册并公告。

国家出入境检验检疫部门应当定期公布已经备案的境外出口商、代理商、进口商和已经注册的境外食品生产企业名单。

第九十七条　进口的预包装食品、食品添加剂应当有中文标签；依法应当有说明书的，还应当有中文说明书。标签、说明书应当符合本法以及我国其他有关法律、行政法规的规定和食品安全国家标准的要求，并载明食品的原产地以及境内代理商的名称、地址、联系方式。预包装食品没有中文标签、中文说明书或者标签、说明书不符合本条规定的，不得进口。

第九十八条　进口商应当建立食品、食品添加剂进口和销售记录制度，如实记录食品、食品添加剂的名称、规格、数量、生产日期、生产或者进口批号、保质期、境外出口商和购货者名称、地址及联系方式、交货日期等内容，并保存相关凭证。记录和凭证保存期限应当符合本法第五十条第二款的规定。

第九十九条 出口食品生产企业应当保证其出口食品符合进口国（地区）的标准或者合同要求。

出口食品生产企业和出口食品原料种植、养殖场应当向国家出入境检验检疫部门备案。

第一百条 国家出入境检验检疫部门应当收集、汇总下列进出口食品安全信息，并及时通报相关部门、机构和企业：

（一）出入境检验检疫机构对进出口食品实施检验检疫发现的食品安全信息；

（二）食品行业协会和消费者协会等组织、消费者反映的进口食品安全信息；

（三）国际组织、境外政府机构发布的风险预警信息及其他食品安全信息，以及境外食品行业协会等组织、消费者反映的食品安全信息；

（四）其他食品安全信息。

国家出入境检验检疫部门应当对进出口食品的进口商、出口商和出口食品生产企业实施信用管理，建立信用记录，并依法向社会公布。对有不良记录的进口商、出口商和出口食品生产企业，应当加强对其进出口食品的检验检疫。

第一百零一条 国家出入境检验检疫部门可以对向我国境内出口食品的国家（地区）的食品安全管理体系和食品安全状况进行评估和审查，并根据评估和审查结果，确定相应检验检疫要求。

第七章 食品安全事故处置

第一百零二条 国务院组织制定国家食品安全事故应急预案。

县级以上地方人民政府应当根据有关法律、法规的规定和上级人民政府的食品安全事故应急预案以及本行政区域的实际情况，制定本行政区域的食品安全事故应急预案，并报上一级人民政府备案。

食品安全事故应急预案应当对食品安全事故分级、事故处置组织指挥体系与职责、预防预警机制、处置程序、应急保障措施等作出规定。

食品生产经营企业应当制定食品安全事故处置方案，定期检查本企业各项食品安全防范措施的落实情况，及时消除事故隐患。

第一百零三条　发生食品安全事故的单位应当立即采取措施，防止事故扩大。事故单位和接收病人进行治疗的单位应当及时向事故发生地县级人民政府食品安全监督管理、卫生行政部门报告。

县级以上人民政府农业行政等部门在日常监督管理中发现食品安全事故或者接到事故举报，应当立即向同级食品安全监督管理部门通报。

发生食品安全事故，接到报告的县级人民政府食品安全监督管理部门应当按照应急预案的规定向本级人民政府和上级人民政府食品安全监督管理部门报告。县级人民政府和上级人民政府食品安全监督管理部门应当按照应急预案的规定上报。

任何单位和个人不得对食品安全事故隐瞒、谎报、缓报，不得隐匿、伪造、毁灭有关证据。

第一百零四条　医疗机构发现其接收的病人属于食源性疾病病人或者疑似病人的，应当按照规定及时将相关信息向所在地县级人民政府卫生行政部门报告。县级人民政府卫生行政部门认为与食品安全有关的，应当及时通报同级食品安全监督管理部门。

县级以上人民政府卫生行政部门在调查处理传染病或者其他突发公共卫生事件中发现与食品安全相关的信息，应当及时通报同级食品安全监督管理部门。

第一百零五条　县级以上人民政府食品安全监督管理部门接到食品安全事故的报告后，应当立即会同同级卫生行政、农业行政等部门进行调查处理，并采取下列措施，防止或者减轻社会危害：

（一）开展应急救援工作，组织救治因食品安全事故导致人身伤害的人员；

（二）封存可能导致食品安全事故的食品及其原料，并立即进行检验；对确认属于被污染的食品及其原料，责令食品生产经营者依照本法第六十三条的规定召回或者停止经营；

（三）封存被污染的食品相关产品，并责令进行清洗消毒；

（四）做好信息发布工作，依法对食品安全事故及其处理情况进行发布，并对可能产生的危害加以解释、说明。

发生食品安全事故需要启动应急预案的，县级以上人民政府应当立即成立事故处置指挥机构，启动应急预案，依照前款和应急预案的规定进行处置。

发生食品安全事故，县级以上疾病预防控制机构应当对事故现场进行卫生处理，并对与事故有关的因素开展流行病学调查，有关部门应当予以协助。县级以上疾病预防控制机构应当向同级食品安全监督管理、卫生行政部门提交流行病学调查报告。

第一百零六条 发生食品安全事故，设区的市级以上人民政府食品安全监督管理部门应当立即会同有关部门进行事故责任调查，督促有关部门履行职责，向本级人民政府和上一级人民政府食品安全监督管理部门提出事故责任调查处理报告。

涉及两个以上省、自治区、直辖市的重大食品安全事故由国务院食品安全监督管理部门依照前款规定组织事故责任调查。

第一百零七条 调查食品安全事故，应当坚持实事求是、尊重科学的原则，及时、准确查清事故性质和原因，认定事故责任，提出整改措施。

调查食品安全事故，除了查明事故单位的责任，还应当查明有关监督管理部门、食品检验机构、认证机构及其工作人员的责任。

第一百零八条 食品安全事故调查部门有权向有关单位和个人了解与事故有关的情况，并要求提供相关资料和样品。有关单位和个人应当予以配合，按照要求提供相关资料和样品，不得拒绝。

任何单位和个人不得阻挠、干涉食品安全事故的调查处理。

第八章　监督管理

第一百零九条 县级以上人民政府食品安全监督管理部门根据食品安全风险监测、风险评估结果和食品安全状况等，确定监督管理的重点、方式和频次，实施风险分级管理。

县级以上地方人民政府组织本级食品安全监督管理、农业行政等部门制定本行政区域的食品安全年度监督管理计划，向社会公布并组织实施。

食品安全年度监督管理计划应当将下列事项作为监督管理的重点：

（一）专供婴幼儿和其他特定人群的主辅食品；

（二）保健食品生产过程中的添加行为和按照注册或者备案的技术要求组织生产的情况，保健食品标签、说明书以及宣传材料中有关功能宣传的情况；

（三）发生食品安全事故风险较高的食品生产经营者；

（四）食品安全风险监测结果表明可能存在食品安全隐患的事项。

第一百一十条　县级以上人民政府食品安全监督管理部门履行食品安全监督管理职责，有权采取下列措施，对生产经营者遵守本法的情况进行监督检查：

（一）进入生产经营场所实施现场检查；

（二）对生产经营的食品、食品添加剂、食品相关产品进行抽样检验；

（三）查阅、复制有关合同、票据、账簿以及其他有关资料；

（四）查封、扣押有证据证明不符合食品安全标准或者有证据证明存在安全隐患以及用于违法生产经营的食品、食品添加剂、食品相关产品；

（五）查封违法从事生产经营活动的场所。

第一百一十一条　对食品安全风险评估结果证明食品存在安全隐患，需要制定、修订食品安全标准的，在制定、修订食品安全标准前，国务院卫生行政部门应当及时会同国务院有关部门规定食品中有害物质的临时限量值和临时检验方法，作为生产经营和监督管理的依据。

第一百一十二条　县级以上人民政府食品安全监督管理部门在食品安全监督管理工作中可以采用国家规定的快速检测方法对食品进行抽查检测。

对抽查检测结果表明可能不符合食品安全标准的食品，应当依照本法第八十七条的规定进行检验。抽查检测结果确定有关食品不符合食品安全标准的，可以作为行政处罚的依据。

第一百一十三条　县级以上人民政府食品安全监督管理部门应当建立食品生产经营者食品安全信用档案，记录许可颁发、日常监督检查结果、违法行为查处等情况，依法向社会公布并实时更新；对有不良信用记录的食品生产经营者增加监督检查频次，对违法行为情节严重的食品生产经营者，可以通报投资主管部门、证券监督管理机构和有关的金融机构。

第一百一十四条　食品生产经营过程中存在食品安全隐患，未及时采取措施消除的，县级以上人民政府食品安全监督管理部门可以对食品生经营者的法定代表人或者主要负责人进行责任约谈。食品生产经营者应当立即采取措施，进行整改，消除隐患。责任约谈情况和整改情况应当纳入食品生产经营者食品安全信用档案。

第一百一十五条 县级以上人民政府食品安全监督管理等部门应当公布本部门的电子邮件地址或者电话，接受咨询、投诉、举报。接到咨询、投诉、举报，对属于本部门职责的，应当受理并在法定期限内及时答复、核实、处理；对不属于本部门职责的，应当移交有权处理的部门并书面通知咨询、投诉、举报人。有权处理的部门应当在法定期限内及时处理，不得推诿。对查证属实的举报，给予举报人奖励。

有关部门应当对举报人的信息予以保密，保护举报人的合法权益。举报人举报所在企业的，该企业不得以解除、变更劳动合同或者其他方式对举报人进行打击报复。

第一百一十六条 县级以上人民政府食品安全监督管理等部门应当加强对执法人员食品安全法律、法规、标准和专业知识与执法能力等的培训，并组织考核。不具备相应知识和能力的，不得从事食品安全执法工作。

食品生产经营者、食品行业协会、消费者协会等发现食品安全执法人员在执法过程中有违反法律、法规规定的行为以及不规范执法行为的，可以向本级或者上级人民政府食品安全监督管理等部门或者监察机关投诉、举报。接到投诉、举报的部门或者机关应当进行核实，并将经核实的情况向食品安全执法人员所在部门通报；涉嫌违法违纪的，按照本法和有关规定处理。

第一百一十七条 县级以上人民政府食品安全监督管理等部门未及时发现食品安全系统性风险，未及时消除监督管理区域内的食品安全隐患的，本级人民政府可以对其主要负责人进行责任约谈。

地方人民政府未履行食品安全职责，未及时消除区域性重大食品安全隐患的，上级人民政府可以对其主要负责人进行责任约谈。

被约谈的食品安全监督管理等部门、地方人民政府应当立即采取措施，对食品安全监督管理工作进行整改。

责任约谈情况和整改情况应当纳入地方人民政府和有关部门食品安全监督管理工作评议、考核记录。

第一百一十八条 国家建立统一的食品安全信息平台，实行食品安全信息统一公布制度。国家食品安全总体情况、食品安全风险警示信息、重大食品安全事故及其调查处理信息和国务院确定需要统一公布的其他信息由国务院食品安全监督管理部门统一公布。食品安全风险警示信息和重大食品安全事故及其调查处理信息的影响限于特定区域的，也可以由有关省、自治区、直辖市人民政府食品安全监督管理部门公布。未经授权不得发布上述信息。

县级以上人民政府食品安全监督管理、农业行政部门依据各自职责公布食品安全日常监督管理信息。

公布食品安全信息，应当做到准确、及时，并进行必要的解释说明，避免误导消费者和社会舆论。

第一百一十九条 县级以上地方人民政府食品安全监督管理、卫生行政、农业行政部门获知本法规定需要统一公布的信息，应当向上级主管部门报告，由上级主管部门立即报告国务院食品安全监督管理部门；必要时，可以直接向国务院食品安全监督管理部门报告。

县级以上人民政府食品安全监督管理、卫生行政、农业行政部门应当相互通报获知的食品安全信息。

第一百二十条 任何单位和个人不得编造、散布虚假食品安全信息。

县级以上人民政府食品安全监督管理部门发现可能误导消费者和社会舆论的食品安全信息，应当立即组织有关部门、专业机构、相关食品生产经营者等进行核实、分析，并及时公布结果。

第一百二十一条 县级以上人民政府食品安全监督管理等部门发现涉嫌食品安全犯罪的，应当按照有关规定及时将案件移送公安机关。对移送的案件，公安机关应当及时审查；认为有犯罪事实需要追究刑事责任的，应当立案侦查。

公安机关在食品安全犯罪案件侦查过程中认为没有犯罪事实，或者犯罪事实显著轻微，不需要追究刑事责任，但依法应当追究行政责任的，应当及时将案件移送食品安全监督管理等部门和监察机关，有关部门应当依法处理。

公安机关商请食品安全监督管理、生态环境等部门提供检验结论、认定意见以及对涉案物品进行无害化处理等协助的，有关部门应当及时提供，予以协助。

第九章 法律责任

第一百二十二条 违反本法规定，未取得食品生产经营许可从事食品生产经营活动，或者未取得食品添加剂生产许可从事食品添加剂生产活动的，由县级以上人民政府食品安全监督管理部门没收违法所得和违法生产经营的食品、食品添加剂以及用于违法生产经营的工具、设备、原料等物品；违法生产经营的食品、食品添加剂货值金额不足一万元的，并处五万元以上十万元以下罚款；货值金额一万元以上的，并处货值金额十倍以上二十倍以下罚款。

明知从事前款规定的违法行为，仍为其提供生产经营场所或者其他条件的，由县级以上人民政府食品安全监督管理部门责令停止违法行为，没收违法所得，并处五万元以上十万元以下罚款；使消费者的合法权益受到损害的，应当与食品、食品添加剂生产经营者承担连带责任。

第一百二十三条 违反本法规定，有下列情形之一，尚不构成犯罪的，由县级以上人民政府食品安全监督管理部门没收违法所得和违法生产经营的食品，并可以没收用于违法生产经营的工具、设备、原料等物品；违法生产经营的食品货值金额不足一万元的，并处十万元以上十五万元以下罚款；货值金额一万元以上的，并处货值金额十五倍以上三十倍以下罚款；情节严重的，吊销许可证，并可以由公安机关对其直接负责的主管人员和其他直接责任人员处五日以上十五日以下拘留：

（一）用非食品原料生产食品、在食品中添加食品添加剂以外的化学物质和其他可能危害人体健康的物质，或者用回收食品作为原料生产食品，或者经营上述食品；

（二）生产经营营养成分不符合食品安全标准的专供婴幼儿和其他特定人群的主辅食品；

（三）经营病死、毒死或者死因不明的禽、畜、兽、水产动物肉类，或者生产经营其制品；

（四）经营未按规定进行检疫或者检疫不合格的肉类，或者生产经营未经检验或者检验不合格的肉类制品；

（五）生产经营国家为防病等特殊需要明令禁止生产经营的食品；

（六）生产经营添加药品的食品。

明知从事前款规定的违法行为，仍为其提供生产经营场所或者其他条件的，由县级以上人民政府食品安全监督管理部门责令停止违法行为，没收违法所得，并处十万元以上二十万元以下罚款；使消费者的合法权益受到损害的，应当与食品生产经营者承担连带责任。

违法使用剧毒、高毒农药的，除依照有关法律、法规规定给予处罚外，可以由公安机关依照第一款规定给予拘留。

第一百二十四条 违反本法规定，有下列情形之一，尚不构成犯罪的，由县级以上人民政府食品安全监督管理部门没收违法所得和违法生产经营的食品、食品添加剂，并可以没收用于违法生产经营的工具、设备、原料等物品；违法生产经营的食品、食品添加剂货值金额不足一万元的，并处五万元以上十万元以下罚款；货值金额一万元以上的，并处货值金额十倍以上二十倍以下罚款；情节严重的，吊销许可证：

（一）生产经营致病性微生物，农药残留、兽药残留、生物毒素、重金属等污染物质以及其他危害人体健康的物质含量超过食品安全标准限量的食品、食品添加剂；

（二）用超过保质期的食品原料、食品添加剂生产食品、食品添加剂，或者经营上述食品、食品添加剂；

（三）生产经营超范围、超限量使用食品添加剂的食品；

（四）生产经营腐败变质、油脂酸败、霉变生虫、污秽不洁、混有异物、掺假掺杂或者感官性状异常的食品、食品添加剂；

（五）生产经营标注虚假生产日期、保质期或者超过保质期的食品、食品添加剂；

（六）生产经营未按规定注册的保健食品、特殊医学用途配方食品、婴幼儿配方乳粉，或者未按注册的产品配方、生产工艺等技术要求组织生产；

（七）以分装方式生产婴幼儿配方乳粉，或者同一企业以同一配方生产不同品牌的婴幼儿配方乳粉；

（八）利用新的食品原料生产食品，或者生产食品添加剂新品种，未通过安全性评估；

（九）食品生产经营者在食品安全监督管理部门责令其召回或者停止

经营后，仍拒不召回或者停止经营。

除前款和本法第一百二十三条、第一百二十五条规定的情形外，生产经营不符合法律、法规或者食品安全标准的食品、食品添加剂的，依照前款规定给予处罚。

生产食品相关产品新品种，未通过安全性评估，或者生产不符合食品安全标准的食品相关产品的，由县级以上人民政府食品安全监督管理部门依照第一款规定给予处罚。

第一百二十五条 违反本法规定，有下列情形之一的，由县级以上人民政府食品安全监督管理部门没收违法所得和违法生产经营的食品、食品添加剂，并可以没收用于违法生产经营的工具、设备、原料等物品；违法生产经营的食品、食品添加剂货值金额不足一万元的，并处五千元以上五万元以下罚款；货值金额一万元以上的，并处货值金额五倍以上十倍以下罚款；情节严重的，责令停产停业，直至吊销许可证：

（一）生产经营被包装材料、容器、运输工具等污染的食品、食品添加剂；

（二）生产经营无标签的预包装食品、食品添加剂或者标签、说明书不符合本法规定的食品、食品添加剂；

（三）生产经营转基因食品未按规定进行标示；

（四）食品生产经营者采购或者使用不符合食品安全标准的食品原料、食品添加剂、食品相关产品。

生产经营的食品、食品添加剂的标签、说明书存在瑕疵但不影响食品安全且不会对消费者造成误导的，由县级以上人民政府食品安全监督管理部门责令改正；拒不改正的，处二千元以下罚款。

第一百二十六条 违反本法规定，有下列情形之一的，由县级以上人民政府食品安全监督管理部门责令改正，给予警告；拒不改正的，处五千元以上五万元以下罚款；情节严重的，责令停产停业，直至吊销许可证：

（一）食品、食品添加剂生产者未按规定对采购的食品原料和生产的食品、食品添加剂进行检验；

（二）食品生产经营企业未按规定建立食品安全管理制度，或者未按规定配备或者培训、考核食品安全管理人员；

（三）食品、食品添加剂生产经营者进货时未查验许可证和相关证明文件，或者未按规定建立并遵守进货查验记录、出厂检验记录和销售记录制度；

（四）食品生产经营企业未制定食品安全事故处置方案；

（五）餐具、饮具和盛放直接入口食品的容器，使用前未经洗净、消毒或者清洗消毒不合格，或者餐饮服务设施、设备未按规定定期维护、清洗、校验；

（六）食品生产经营者安排未取得健康证明或者患有国务院卫生行政部门规定的有碍食品安全疾病的人员从事接触直接入口食品的工作；

（七）食品经营者未按规定要求销售食品；

（八）保健食品生产企业未按规定向食品安全监督管理部门备案，或者未按备案的产品配方、生产工艺等技术要求组织生产；

（九）婴幼儿配方食品生产企业未将食品原料、食品添加剂、产品配方、标签等向食品安全监督管理部门备案；

（十）特殊食品生产企业未按规定建立生产质量管理体系并有效运行，或者未定期提交自查报告；

（十一）食品生产经营者未定期对食品安全状况进行检查评价，或者生产经营条件发生变化，未按规定处理；

（十二）学校、托幼机构、养老机构、建筑工地等集中用餐单位未按规定履行食品安全管理责任；

（十三）食品生产企业、餐饮服务提供者未按规定制定、实施生产经营过程控制要求。

餐具、饮具集中消毒服务单位违反本法规定用水，使用洗涤剂、消毒剂，或者出厂的餐具、饮具未按规定检验合格并随附消毒合格证明，或者未按规定在独立包装上标注相关内容的，由县级以上人民政府卫生行政部门依照前款规定给予处罚。

食品相关产品生产者未按规定对生产的食品相关产品进行检验的，由县级以上人民政府食品安全监督管理部门依照第一款规定给予处罚。

食用农产品销售者违反本法第六十五条规定的，由县级以上人民政府食品安全监督管理部门依照第一款规定给予处罚。

第一百二十七条 对食品生产加工小作坊、食品摊贩等的违法行为的处罚，依照省、自治区、直辖市制定的具体管理办法执行。

第一百二十八条 违反本法规定，事故单位在发生食品安全事故后未进行处置、报告的，由有关主管部门按照各自职责分工责令改正，给予警告；隐匿、伪造、毁灭有关证据的，责令停产停业，没收违法所得，并处十万元以上五十万元以下罚款；造成严重后果的，吊销许可证。

第一百二十九条 违反本法规定，有下列情形之一的，由出入境检验检疫机构依照本法第一百二十四条的规定给予处罚：

（一）提供虚假材料，进口不符合我国食品安全国家标准的食品、食品添加剂、食品相关产品；

（二）进口尚无食品安全国家标准的食品，未提交所执行的标准并经国务院卫生行政部门审查，或者进口利用新的食品原料生产的食品或者进口食品添加剂新品种、食品相关产品新品种，未通过安全性评估；

（三）未遵守本法的规定出口食品；

（四）进口商在有关主管部门责令其依照本法规定召回进口的食品后，仍拒不召回。

违反本法规定，进口商未建立并遵守食品、食品添加剂进口和销售记录制度、境外出口商或者生产企业审核制度的，由出入境检验检疫机构依照本法第一百二十六条的规定给予处罚。

第一百三十条 违反本法规定，集中交易市场的开办者、柜台出租者、展销会的举办者允许未依法取得许可的食品经营者进入市场销售食品，或者未履行检查、报告等义务的，由县级以上人民政府食品安全监督管理部门责令改正，没收违法所得，并处五万元以上二十万元以下罚款；造成严重后果的，责令停业，直至由原发证部门吊销许可证；使消费者的合法权益受到损害的，应当与食品经营者承担连带责任。

食用农产品批发市场违反本法第六十四条规定的，依照前款规定承担责任。

第一百三十一条 违反本法规定，网络食品交易第三方平台提供者未对入网食品经营者进行实名登记、审查许可证，或者未履行报告、停止提供网络交易平台服务等义务的，由县级以上人民政府食品安全监督管理部门责令改正，没收违法所得，并处五万元以上二十万元以下罚款；造成严重后果的，责令停业，直至由原发证部门吊销许可证；使消费者的合法权益受到损害的，应当与食品经营者承担连带责任。

消费者通过网络食品交易第三方平台购买食品，其合法权益受到损害的，可以向入网食品经营者或者食品生产者要求赔偿。网络食品交易第三方平台提供者不能提供入网食品经营者的真实名称、地址和有效联系方式的，由网络食品交易第三方平台提供者赔偿。网络食品交易第三方平台提供者赔偿后，有权向入网食品经营者或者食品生产者追偿。网络食品交易第三方平台提供者作出更有利于消费者承诺的，应当履行其承诺。

第一百三十二条 违反本法规定，未按要求进行食品贮存、运输和装卸的，由县级以上人民政府食品安全监督管理等部门按照各自职责分工责令改正，给予警告；拒不改正的，责令停产停业，并处一万元以上五万元以下罚款；情节严重的，吊销许可证。

第一百三十三条 违反本法规定，拒绝、阻挠、干涉有关部门、机构及其工作人员依法开展食品安全监督检查、事故调查处理、风险监测和风险评估的，由有关主管部门按照各自职责分工责令停产停业，并处二千元以上五万元以下罚款；情节严重的，吊销许可证；构成违反治安管理行为的，由公安机关依法给予治安管理处罚。

违反本法规定，对举报人以解除、变更劳动合同或者其他方式打击报复的，应当依照有关法律的规定承担责任。

第一百三十四条 食品生产经营者在一年内累计三次因违反本法规定受到责令停产停业、吊销许可证以外处罚的，由食品安全监督管理部门责令停产停业，直至吊销许可证。

第一百三十五条 被吊销许可证的食品生产经营者及其法定代表人、直接负责的主管人员和其他直接责任人员自处罚决定作出之日起五年内不得申请食品生产经营许可，或者从事食品生产经营管理工作、担任食品生产经营企业食品安全管理人员。

因食品安全犯罪被判处有期徒刑以上刑罚的，终身不得从事食品生产经营管理工作，也不得担任食品生产经营企业食品安全管理人员。

食品生产经营者聘用人员违反前两款规定的，由县级以上人民政府食品安全监督管理部门吊销许可证。

第一百三十六条 食品经营者履行了本法规定的进货查验等义务，有充分证据证明其不知道所采购的食品不符合食品安全标准，并能如实说明其进货来源的，可以免予处罚，但应当依法没收其不符合食品安全标准的食品；造成人身、财产或者其他损害的，依法承担赔偿责任。

第一百三十七条 违反本法规定，承担食品安全风险监测、风险评估工作的技术机构、技术人员提供虚假监测、评估信息的，依法对技术机构直接负责的主管人员和技术人员给予撤职、开除处分；有执业资格的，由授予其资格的主管部门吊销执业证书。

第一百三十八条 违反本法规定，食品检验机构、食品检验人员出具虚假检验报告的，由授予其资质的主管部门或者机构撤销该食品检验机构的检验资质，没收所收取的检验费用，并处检验费用五倍以上十倍以下罚款，检验费用不足一万元的，并处五万元以上十万元以下罚款；依法对食品检验机构直接负责的主管人员和食品检验人员给予撤职或者开除处分；导致发生重大食品安全事故的，对直接负责的主管人员和食品检验人员给予开除处分。

违反本法规定，受到开除处分的食品检验机构人员，自处分决定作出之日起十年内不得从事食品检验工作；因食品安全违法行为受到刑事处罚或者因出具虚假检验报告导致发生重大食品安全事故受到开除处分的食品检验机构人员，终身不得从事食品检验工作。食品检验机构聘用不得从事食品检验工作的人员的，由授予其资质的主管部门或者机构撤销该食品检验机构的检验资质。

食品检验机构出具虚假检验报告，使消费者的合法权益受到损害的，应当与食品生产经营者承担连带责任。

第一百三十九条 违反本法规定，认证机构出具虚假认证结论，由认证认可监督管理部门没收所收取的认证费用，并处认证费用五倍以上十倍以下罚款，认证费用不足一万元的，并处五万元以上十万元以下罚款；情节严重的，责令停业，直至撤销认证机构批准文件，并向社会公布；对直接负责的主管人员和负有直接责任的认证人员，撤销其执业资格。

认证机构出具虚假认证结论，使消费者的合法权益受到损害的，应当与食品生产经营者承担连带责任。

第一百四十条 违反本法规定，在广告中对食品作虚假宣传，欺骗消费者，或者发布未取得批准文件、广告内容与批准文件不一致的保健食品广告的，依照《中华人民共和国广告法》的规定给予处罚。

广告经营者、发布者设计、制作、发布虚假食品广告，使消费者的合法权益受到损害的，应当与食品生产经营者承担连带责任。

社会团体或者其他组织、个人在虚假广告或者其他虚假宣传中向消费者推荐食品，使消费者的合法权益受到损害的，应当与食品生产经营者承担连带责任。

违反本法规定，食品安全监督管理等部门、食品检验机构、食品行业协会以广告或者其他形式向消费者推荐食品，消费者组织以收取费用或者其他牟取利益的方式向消费者推荐食品的，由有关主管部门没收违法所得，依法对直接负责的主管人员和其他直接责任人员给予记大过、降级或者撤职处分；情节严重的，给予开除处分。

对食品作虚假宣传且情节严重的，由省级以上人民政府食品安全监督管理部门决定暂停销售该食品，并向社会公布；仍然销售该食品的，由县级以上人民政府食品安全监督管理部门没收违法所得和违法销售的食品，并处二万元以上五万元以下罚款。

第一百四十一条　违反本法规定，编造、散布虚假食品安全信息，构成违反治安管理行为的，由公安机关依法给予治安管理处罚。

媒体编造、散布虚假食品安全信息的，由有关主管部门依法给予处罚，并对直接负责的主管人员和其他直接责任人员给予处分；使公民、法人或者其他组织的合法权益受到损害的，依法承担消除影响、恢复名誉、赔偿损失、赔礼道歉等民事责任。

第一百四十二条　违反本法规定，县级以上地方人民政府有下列行为之一的，对直接负责的主管人员和其他直接责任人员给予记大过处分；情节较重的，给予降级或者撤职处分；情节严重的，给予开除处分；造成严重后果的，其主要负责人还应当引咎辞职：

（一）对发生在本行政区域内的食品安全事故，未及时组织协调有关部门开展有效处置，造成不良影响或者损失；

（二）对本行政区域内涉及多环节的区域性食品安全问题，未及时组织整治，造成不良影响或者损失；

（三）隐瞒、谎报、缓报食品安全事故；

（四）本行政区域内发生特别重大食品安全事故，或者连续发生重大食品安全事故。

第一百四十三条　违反本法规定，县级以上地方人民政府有下列行为之一的，对直接负责的主管人员和其他直接责任人员给予警告、记过或者记大过处分；造成严重后果的，给予降级或者撤职处分：

（一）未确定有关部门的食品安全监督管理职责，未建立健全食品安全全程监督管理工作机制和信息共享机制，未落实食品安全监督管理责任制；

（二）未制定本行政区域的食品安全事故应急预案，或者发生食品安全事故后未按规定立即成立事故处置指挥机构、启动应急预案。

第一百四十四条　违反本法规定，县级以上人民政府食品安全监督管理、卫生行政、农业行政等部门有下列行为之一的，对直接负责的主管人员和其他直接责任人员给予记大过处分；情节较重的，给予降级或者撤职处分；情节严重的，给予开除处分；造成严重后果的，其主要负责人还应当引咎辞职：

（一）隐瞒、谎报、缓报食品安全事故；

（二）未按规定查处食品安全事故，或者接到食品安全事故报告未及时处理，造成事故扩大或者蔓延；

（三）经食品安全风险评估得出食品、食品添加剂、食品相关产品不安全结论后，未及时采取相应措施，造成食品安全事故或者不良社会影响；

（四）对不符合条件的申请人准予许可，或者超越法定职权准予许可；

（五）不履行食品安全监督管理职责，导致发生食品安全事故。

第一百四十五条　违反本法规定，县级以上人民政府食品安全监督管理、卫生行政、农业行政等部门有下列行为之一，造成不良后果的，对直接负责的主管人员和其他直接责任人员给予警告、记过或者记大过处分；情节较重的，给予降级或者撤职处分；情节严重的，给予开除处分：

（一）在获知有关食品安全信息后，未按规定向上级主管部门和本级人民政府报告，或者未按规定相互通报；

（二）未按规定公布食品安全信息；

（三）不履行法定职责，对查处食品安全违法行为不配合，或者滥用职权、玩忽职守、徇私舞弊。

第一百四十六条　食品安全监督管理等部门在履行食品安全监督管理职责过程中，违法实施检查、强制等执法措施，给生产经营者造成损失的，应当依法予以赔偿，对直接负责的主管人员和其他直接责任人员依法给予处分。

第一百四十七条　违反本法规定，造成人身、财产或者其他损害的，依法承担赔偿责任。生产经营者财产不足以同时承担民事赔偿责任和缴纳罚款、罚金时，先承担民事赔偿责任。

第一百四十八条　消费者因不符合食品安全标准的食品受到损害的，可以向经营者要求赔偿损失，也可以向生产者要求赔偿损失。接到消费者赔偿要求的生产经营者，应当实行首负责任制，先行赔付，不得推诿；属于生产者责任的，经营者赔偿后有权向生产者追偿；属于经营者责任的，生产者赔偿后有权向经营者追偿。

生产不符合食品安全标准的食品或者经营明知是不符合食品安全标准的食品，消费者除要求赔偿损失外，还可以向生产者或者经营者要求支付价款十倍或者损失三倍的赔偿金；增加赔偿的金额不足一千元的，为一千元。但是，食品的标签、说明书存在不影响食品安全且不会对消费者造成误导的瑕疵的除外。

第一百四十九条　违反本法规定，构成犯罪的，依法追究刑事责任。

第十章　附　　则

第一百五十条　本法下列用语的含义：

食品，指各种供人食用或者饮用的成品和原料以及按照传统既是食品又是中药材的物品，但是不包括以治疗为目的的物品。

食品安全，指食品无毒、无害，符合应当有的营养要求，对人体健康不造成任何急性、亚急性或者慢性危害。

预包装食品，指预先定量包装或者制作在包装材料、容器中的食品。

食品添加剂，指为改善食品品质和色、香、味以及为防腐、保鲜和加工工艺的需要而加入食品中的人工合成或者天然物质，包括营养强化剂。

用于食品的包装材料和容器，指包装、盛放食品或者食品添加剂用的纸、竹、木、金属、搪瓷、陶瓷、塑料、橡胶、天然纤维、化学纤维、玻璃等制品和直接接触食品或者食品添加剂的涂料。

用于食品生产经营的工具、设备，指在食品或者食品添加剂生产、销售、使用过程中直接接触食品或者食品添加剂的机械、管道、传送带、容器、用具、餐具等。

用于食品的洗涤剂、消毒剂，指直接用于洗涤或者消毒食品、餐具、饮具以及直接接触食品的工具、设备或者食品包装材料和容器的物质。

食品保质期，指食品在标明的贮存条件下保持品质的期限。

食源性疾病，指食品中致病因素进入人体引起的感染性、中毒性等疾病，包括食物中毒。

食品安全事故，指食源性疾病、食品污染等源于食品，对人体健康有危害或者可能有危害的事故。

第一百五十一条 转基因食品和食盐的食品安全管理，本法未作规定的，适用其他法律、行政法规的规定。

第一百五十二条 铁路、民航运营中食品安全的管理办法由国务院食品安全监督管理部门会同国务院有关部门依照本法制定。

保健食品的具体管理办法由国务院食品安全监督管理部门依照本法制定。

食品相关产品生产活动的具体管理办法由国务院食品安全监督管理部门依照本法制定。

国境口岸食品的监督管理由出入境检验检疫机构依照本法以及有关法律、行政法规的规定实施。

军队专用食品和自供食品的食品安全管理办法由中央军事委员会依照本法制定。

第一百五十三条 国务院根据实际需要，可以对食品安全监督管理体制作出调整。

第一百五十四条 本法自 2015 年 10 月 1 日起施行。

中华人民共和国食品安全法实施条例

（2009 年 7 月 20 日中华人民共和国国务院令第 557 号公布 根据 2016 年 2 月 6 日《国务院关于修改部分行政法规的决定》修订 2019 年 3 月 26 日国务院第 42 次常务会议修订通过）

第一章 总 则

第一条 根据《中华人民共和国食品安全法》（以下简称食品安全

法），制定本条例。

第二条　食品生产经营者应当依照法律、法规和食品安全标准从事生产经营活动，建立健全食品安全管理制度，采取有效措施预防和控制食品安全风险，保证食品安全。

第三条　国务院食品安全委员会负责分析食品安全形势，研究部署、统筹指导食品安全工作，提出食品安全监督管理的重大政策措施，督促落实食品安全监督管理责任。县级以上地方人民政府食品安全委员会按照本级人民政府规定的职责开展工作。

第四条　县级以上人民政府建立统一权威的食品安全监督管理体制，加强食品安全监督管理能力建设。

县级以上人民政府食品安全监督管理部门和其他有关部门应当依法履行职责，加强协调配合，做好食品安全监督管理工作。

乡镇人民政府和街道办事处应当支持、协助县级人民政府食品安全监督管理部门及其派出机构依法开展食品安全监督管理工作。

第五条　国家将食品安全知识纳入国民素质教育内容，普及食品安全科学常识和法律知识，提高全社会的食品安全意识。

第二章　食品安全风险监测和评估

第六条　县级以上人民政府卫生行政部门会同同级食品安全监督管理等部门建立食品安全风险监测会商机制，汇总、分析风险监测数据，研判食品安全风险，形成食品安全风险监测分析报告，报本级人民政府；县级以上地方人民政府卫生行政部门还应当将食品安全风险监测分析报告同时报上一级人民政府卫生行政部门。食品安全风险监测会商的具体办法由国务院卫生行政部门会同国务院食品安全监督管理等部门制定。

第七条　食品安全风险监测结果表明存在食品安全隐患，食品安全监督管理等部门经进一步调查确认有必要通知相关食品生产经营者的，应当及时通知。

接到通知的食品生产经营者应当立即进行自查，发现食品不符合食品安全标准或者有证据证明可能危害人体健康的，应当依照食品安全法第六十三条的规定停止生产、经营，实施食品召回，并报告相关情况。

第八条　国务院卫生行政、食品安全监督管理等部门发现需要对农药、肥料、兽药、饲料和饲料添加剂等进行安全性评估的，应当向国务院农业行政部门提出安全性评估建议。国务院农业行政部门应当及时组织评估，并向国务院有关部门通报评估结果。

第九条 国务院食品安全监督管理部门和其他有关部门建立食品安全风险信息交流机制，明确食品安全风险信息交流的内容、程序和要求。

第三章 食品安全标准

第十条 国务院卫生行政部门会同国务院食品安全监督管理、农业行政等部门制定食品安全国家标准规划及其年度实施计划。国务院卫生行政部门应当在其网站上公布食品安全国家标准规划及其年度实施计划的草案，公开征求意见。

第十一条 省、自治区、直辖市人民政府卫生行政部门依照食品安全法第二十九条的规定制定食品安全地方标准，应当公开征求意见。省、自治区、直辖市人民政府卫生行政部门应当自食品安全地方标准公布之日起30个工作日内，将地方标准报国务院卫生行政部门备案。国务院卫生行政部门发现备案的食品安全地方标准违反法律、法规或者食品安全国家标准的，应当及时予以纠正。

食品安全地方标准依法废止的，省、自治区、直辖市人民政府卫生行政部门应当及时在其网站上公布废止情况。

第十二条 保健食品、特殊医学用途配方食品、婴幼儿配方食品等特殊食品不属于地方特色食品，不得对其制定食品安全地方标准。

第十三条 食品安全标准公布后，食品生产经营者可以在食品安全标准规定的实施日期之前实施并公开提前实施情况。

第十四条 食品生产企业不得制定低于食品安全国家标准或者地方标准要求的企业标准。食品生产企业制定食品安全指标严于食品安全国家标准或者地方标准的企业标准的，应当报省、自治区、直辖市人民政府卫生行政部门备案。

食品生产企业制定企业标准的，应当公开，供公众免费查阅。

第四章 食品生产经营

第十五条 食品生产经营许可的有效期为5年。

食品生产经营者的生产经营条件发生变化，不再符合食品生产经营要求的，食品生产经营者应当立即采取整改措施；需要重新办理许可手续的，应当依法办理。

第十六条　国务院卫生行政部门应当及时公布新的食品原料、食品添加剂新品种和食品相关产品新品种目录以及所适用的食品安全国家标准。

对按照传统既是食品又是中药材的物质目录，国务院卫生行政部门会同国务院食品安全监督管理部门应当及时更新。

第十七条　国务院食品安全监督管理部门会同国务院农业行政等有关部门明确食品安全全程追溯基本要求，指导食品生产经营者通过信息化手段建立、完善食品安全追溯体系。

食品安全监督管理等部门应当将婴幼儿配方食品等针对特定人群的食品以及其他食品安全风险较高或者销售量大的食品的追溯体系建设作为监督检查的重点。

第十八条　食品生产经营者应当建立食品安全追溯体系，依照食品安全法的规定如实记录并保存进货查验、出厂检验、食品销售等信息，保证食品可追溯。

第十九条　食品生产经营企业的主要负责人对本企业的食品安全工作全面负责，建立并落实本企业的食品安全责任制，加强供货者管理、进货查验和出厂检验、生产经营过程控制、食品安全自查等工作。食品生产经营企业的食品安全管理人员应当协助企业主要负责人做好食品安全管理工作。

第二十条　食品生产经营企业应当加强对食品安全管理人员的培训和考核。食品安全管理人员应当掌握与其岗位相适应的食品安全法律、法规、标准和专业知识，具备食品安全管理能力。食品安全监督管理部门应当对企业食品安全管理人员进行随机监督抽查考核。考核指南由国务院食品安全监督管理部门制定、公布。

第二十一条　食品、食品添加剂生产经营者委托生产食品、食品添加剂的，应当委托取得食品生产许可、食品添加剂生产许可的生产者生产，并对其生产行为进行监督，对委托生产的食品、食品添加剂的安全负责。受托方应当依照法律、法规、食品安全标准以及合同约定进行生产，对生产行为负责，并接受委托方的监督。

第二十二条 食品生产经营者不得在食品生产、加工场所贮存依照本条例第六十三条规定制定的名录中的物质。

第二十三条 对食品进行辐照加工，应当遵守食品安全国家标准，并按照食品安全国家标准的要求对辐照加工食品进行检验和标注。

第二十四条 贮存、运输对温度、湿度等有特殊要求的食品，应当具备保温、冷藏或者冷冻等设备设施，并保持有效运行。

第二十五条 食品生产经营者委托贮存、运输食品的，应当对受托方的食品安全保障能力进行审核，并监督受托方按照保证食品安全的要求贮存、运输食品。受托方应当保证食品贮存、运输条件符合食品安全的要求，加强食品贮存、运输过程管理。

接受食品生产经营者委托贮存、运输食品的，应当如实记录委托方和收货方的名称、地址、联系方式等内容。记录保存期限不得少于贮存、运输结束后 2 年。

非食品生产经营者从事对温度、湿度等有特殊要求的食品贮存业务的，应当自取得营业执照之日起 30 个工作日内向所在地县级人民政府食品安全监督管理部门备案。

第二十六条 餐饮服务提供者委托餐具饮具集中消毒服务单位提供清洗消毒服务的，应当查验、留存餐具饮具集中消毒服务单位的营业执照复印件和消毒合格证明。保存期限不得少于消毒餐具饮具使用期限到期后 6 个月。

第二十七条 餐具饮具集中消毒服务单位应当建立餐具饮具出厂检验记录制度，如实记录出厂餐具饮具的数量、消毒日期和批号、使用期限、出厂日期以及委托方名称、地址、联系方式等内容。出厂检验记录保存期限不得少于消毒餐具饮具使用期限到期后 6 个月。消毒后的餐具饮具应当在独立包装上标注单位名称、地址、联系方式、消毒日期和批号以及使用期限等内容。

第二十八条 学校、托幼机构、养老机构、建筑工地等集中用餐单位的食堂应当执行原料控制、餐具饮具清洗消毒、食品留样等制度，并依照食品安全法第四十七条的规定定期开展食堂食品安全自查。

承包经营集中用餐单位食堂的，应当依法取得食品经营许可，并对食堂的食品安全负责。集中用餐单位应当督促承包方落实食品安全管理制度，承担管理责任。

第二十九条　食品生产经营者应当对变质、超过保质期或者回收的食品进行显著标示或者单独存放在有明确标志的场所，及时采取无害化处理、销毁等措施并如实记录。

食品安全法所称回收食品，是指已经售出，因违反法律、法规、食品安全标准或者超过保质期等原因，被召回或者退回的食品，不包括依照食品安全法第六十三条第三款的规定可以继续销售的食品。

第三十条　县级以上地方人民政府根据需要建设必要的食品无害化处理和销毁设施。食品生产经营者可以按照规定使用政府建设的设施对食品进行无害化处理或者予以销毁。

第三十一条　食品集中交易市场的开办者、食品展销会的举办者应当在市场开业或者展销会举办前向所在地县级人民政府食品安全监督管理部门报告。

第三十二条　网络食品交易第三方平台提供者应当妥善保存入网食品经营者的登记信息和交易信息。县级以上人民政府食品安全监督管理部门开展食品安全监督检查、食品安全案件调查处理、食品安全事故处置确需了解有关信息的，经其负责人批准，可以要求网络食品交易第三方平台提供者提供，网络食品交易第三方平台提供者应当按照要求提供。县级以上人民政府食品安全监督管理部门及其工作人员对网络食品交易第三方平台提供者提供的信息依法负有保密义务。

第三十三条　生产经营转基因食品应当显著标示，标示办法由国务院食品安全监督管理部门会同国务院农业行政部门制定。

第三十四条　禁止利用包括会议、讲座、健康咨询在内的任何方式对食品进行虚假宣传。食品安全监督管理部门发现虚假宣传行为的，应当依法及时处理。

第三十五条　保健食品生产工艺有原料提取、纯化等前处理工序的，生产企业应当具备相应的原料前处理能力。

第三十六条　特殊医学用途配方食品生产企业应当按照食品安全国家标准规定的检验项目对出厂产品实施逐批检验。

特殊医学用途配方食品中的特定全营养配方食品应当通过医疗机构或者药品零售企业向消费者销售。医疗机构、药品零售企业销售特定全营养配方食品的，不需要取得食品经营许可，但是应当遵守食品安全法和本条例关于食品销售的规定。

第三十七条　特殊医学用途配方食品中的特定全营养配方食品广告按照处方药广告管理，其他类别的特殊医学用途配方食品广告按照非处方药广告管理。

第三十八条　对保健食品之外的其他食品，不得声称具有保健功能。

对添加食品安全国家标准规定的选择性添加物质的婴幼儿配方食品，不得以选择性添加物质命名。

第三十九条　特殊食品的标签、说明书内容应当与注册或者备案的标签、说明书一致。销售特殊食品，应当核对食品标签、说明书内容是否与注册或者备案的标签、说明书一致，不一致的不得销售。省级以上人民政府食品安全监督管理部门应当在其网站上公布注册或者备案的特殊食品的标签、说明书。

特殊食品不得与普通食品或者药品混放销售。

第五章　食品检验

第四十条　对食品进行抽样检验，应当按照食品安全标准、注册或者备案的特殊食品的产品技术要求以及国家有关规定确定的检验项目和检验方法进行。

第四十一条　对可能掺杂掺假的食品，按照现有食品安全标准规定的检验项目和检验方法以及依照食品安全法第一百一十一条和本条例第六十三条规定制定的检验项目和检验方法无法检验的，国务院食品安全监督管理部门可以制定补充检验项目和检验方法，用于对食品的抽样检验、食品安全案件调查处理和食品安全事故处置。

第四十二条　依照食品安全法第八十八条的规定申请复检的，申请人应当向复检机构先行支付复检费用。复检结论表明食品不合格的，复检费用由复检申请人承担；复检结论表明食品合格的，复检费用由实施抽样检验的食品安全监督管理部门承担。

复检机构无正当理由不得拒绝承担复检任务。

第四十三条　任何单位和个人不得发布未依法取得资质认定的食品检验机构出具的食品检验信息，不得利用上述检验信息对食品、食品生产经营者进行等级评定，欺骗、误导消费者。

第六章　食品进出口

第四十四条　进口商进口食品、食品添加剂，应当按照规定向出入境检验检疫机构报检，如实申报产品相关信息，并随附法律、行政法规规定的合格证明材料。

第四十五条　进口食品运达口岸后，应当存放在出入境检验检疫机构指定或者认可的场所；需要移动的，应当按照出入境检验检疫机构的要求采取必要的安全防护措施。大宗散装进口食品应当在卸货口岸进行检验。

第四十六条　国家出入境检验检疫部门根据风险管理需要，可以对部分食品实行指定口岸进口。

第四十七条　国务院卫生行政部门依照食品安全法第九十三条的规定对境外出口商、境外生产企业或者其委托的进口商提交的相关国家（地区）标准或者国际标准进行审查，认为符合食品安全要求的，决定暂予适用并予以公布；暂予适用的标准公布前，不得进口尚无食品安全国家标准的食品。

食品安全国家标准中通用标准已经涵盖的食品不属于食品安全法第九十三条规定的尚无食品安全国家标准的食品。

第四十八条　进口商应当建立境外出口商、境外生产企业审核制度，重点审核境外出口商、境外生产企业制定和执行食品安全风险控制措施的情况以及向我国出口的食品是否符合食品安全法、本条例和其他有关法律、行政法规的规定以及食品安全国家标准的要求。

第四十九条　进口商依照食品安全法第九十四条第三款的规定召回进口食品的，应当将食品召回和处理情况向所在地县级人民政府食品安全监督管理部门和所在地出入境检验检疫机构报告。

第五十条　国家出入境检验检疫部门发现已经注册的境外食品生产企业不再符合注册要求的，应当责令其在规定期限内整改，整改期间暂停进口其生产的食品；经整改仍不符合注册要求的，国家出入境检验检疫部门应当撤销境外食品生产企业注册并公告。

第五十一条　对通过我国良好生产规范、危害分析与关键控制点体系认证的境外生产企业，认证机构应当依法实施跟踪调查。对不再符合认证要求的企业，认证机构应当依法撤销认证并向社会公布。

第五十二条 境外发生的食品安全事件可能对我国境内造成影响，或者在进口食品、食品添加剂、食品相关产品中发现严重食品安全问题的，国家出入境检验检疫部门应当及时进行风险预警，并可以对相关的食品、食品添加剂、食品相关产品采取下列控制措施：

（一）退货或者销毁处理；

（二）有条件地限制进口；

（三）暂停或者禁止进口。

第五十三条 出口食品、食品添加剂的生产企业应当保证其出口食品、食品添加剂符合进口国家（地区）的标准或者合同要求；我国缔结或者参加的国际条约、协定有要求的，还应当符合国际条约、协定的要求。

第七章　食品安全事故处置

第五十四条 食品安全事故按照国家食品安全事故应急预案实行分级管理。县级以上人民政府食品安全监督管理部门会同同级有关部门负责食品安全事故调查处理。

县级以上人民政府应当根据实际情况及时修改、完善食品安全事故应急预案。

第五十五条 县级以上人民政府应当完善食品安全事故应急管理机制，改善应急装备，做好应急物资储备和应急队伍建设，加强应急培训、演练。

第五十六条 发生食品安全事故的单位应当对导致或者可能导致食品安全事故的食品及原料、工具、设备、设施等，立即采取封存等控制措施。

第五十七条 县级以上人民政府食品安全监督管理部门接到食品安全事故报告后，应当立即会同同级卫生行政、农业行政等部门依照食品安全法第一百零五条的规定进行调查处理。食品安全监督管理部门应当对事故单位封存的食品及原料、工具、设备、设施等予以保护，需要封存而事故单位尚未封存的应当直接封存或者责令事故单位立即封存，并通知疾病预防控制机构对与事故有关的因素开展流行病学调查。

疾病预防控制机构应当在调查结束后向同级食品安全监督管理、卫生行政部门同时提交流行病学调查报告。

任何单位和个人不得拒绝、阻挠疾病预防控制机构开展流行病学调查。有关部门应当对疾病预防控制机构开展流行病学调查予以协助。

第五十八条 国务院食品安全监督管理部门会同国务院卫生行政、农业行政等部门定期对全国食品安全事故情况进行分析，完善食品安全监督管理措施，预防和减少事故的发生。

第八章 监督管理

第五十九条 设区的市级以上人民政府食品安全监督管理部门根据监督管理工作需要，可以对由下级人民政府食品安全监督管理部门负责日常监督管理的食品生产经营者实施随机监督检查，也可以组织下级人民政府食品安全监督管理部门对食品生产经营者实施异地监督检查。

设区的市级以上人民政府食品安全监督管理部门认为必要的，可以直接调查处理下级人民政府食品安全监督管理部门管辖的食品安全违法案件，也可以指定其他下级人民政府食品安全监督管理部门调查处理。

第六十条 国家建立食品安全检查员制度，依托现有资源加强职业化检查员队伍建设，强化考核培训，提高检查员专业化水平。

第六十一条 县级以上人民政府食品安全监督管理部门依照食品安全法第一百一十条的规定实施查封、扣押措施，查封、扣押的期限不得超过30日；情况复杂的，经实施查封、扣押措施的食品安全监督管理部门负责人批准，可以延长，延长期限不得超过45日。

第六十二条 网络食品交易第三方平台多次出现入网食品经营者违法经营或者入网食品经营者的违法经营行为造成严重后果的，县级以上人民政府食品安全监督管理部门可以对网络食品交易第三方平台提供者的法定代表人或者主要负责人进行责任约谈。

第六十三条 国务院食品安全监督管理部门会同国务院卫生行政等部门根据食源性疾病信息、食品安全风险监测信息和监督管理信息等，对发现的添加或者可能添加到食品中的非食品用化学物质和其他可能危害人体健康的物质，制定名录及检测方法并予以公布。

第六十四条 县级以上地方人民政府卫生行政部门应当对餐具饮具集中消毒服务单位进行监督检查，发现不符合法律、法规、国家相关标准以及相关卫生规范等要求的，应当及时调查处理。监督检查的结果应当向社会公布。

第六十五条 国家实行食品安全违法行为举报奖励制度，对查证属实的举报，给予举报人奖励。举报人举报所在企业食品安全重大违法犯罪行为的，应当加大奖励力度。有关部门应当对举报人的信息予以保密，保护举报人的合法权益。食品安全违法行为举报奖励办法由国务院食品安全监督管理部门会同国务院财政等有关部门制定。

食品安全违法行为举报奖励资金纳入各级人民政府预算。

第六十六条 国务院食品安全监督管理部门应当会同国务院有关部门建立守信联合激励和失信联合惩戒机制，结合食品生产经营者信用档案，建立严重违法生产经营者黑名单制度，将食品安全信用状况与准入、融资、信贷、征信等相衔接，及时向社会公布。

第九章　法律责任

第六十七条 有下列情形之一的，属于食品安全法第一百二十三条至第一百二十六条、第一百三十二条以及本条例第七十二条、第七十三条规定的情节严重情形：

（一）违法行为涉及的产品货值金额 2 万元以上或者违法行为持续时间 3 个月以上；

（二）造成食源性疾病并出现死亡病例，或者造成 30 人以上食源性疾病但未出现死亡病例；

（三）故意提供虚假信息或者隐瞒真实情况；

（四）拒绝、逃避监督检查；

（五）因违反食品安全法律、法规受到行政处罚后 1 年内又实施同一性质的食品安全违法行为，或者因违反食品安全法律、法规受到刑事处罚后又实施食品安全违法行为；

（六）其他情节严重的情形。

对情节严重的违法行为处以罚款时，应当依法从重从严。

第六十八条 有下列情形之一的，依照食品安全法第一百二十五条第一款、本条例第七十五条的规定给予处罚：

（一）在食品生产、加工场所贮存依照本条例第六十三条规定制定的名录中的物质；

（二）生产经营的保健食品之外的食品的标签、说明书声称具有保健功能；

（三）以食品安全国家标准规定的选择性添加物质命名婴幼儿配方食品；

（四）生产经营的特殊食品的标签、说明书内容与注册或者备案的标签、说明书不一致。

第六十九条　有下列情形之一的，依照食品安全法第一百二十六条第一款、本条例第七十五条的规定给予处罚：

（一）接受食品生产经营者委托贮存、运输食品，未按照规定记录保存信息；

（二）餐饮服务提供者未查验、留存餐具饮具集中消毒服务单位的营业执照复印件和消毒合格证明；

（三）食品生产经营者未按照规定对变质、超过保质期或者回收的食品进行标示或者存放，或者未及时对上述食品采取无害化处理、销毁等措施并如实记录；

（四）医疗机构和药品零售企业之外的单位或者个人向消费者销售特殊医学用途配方食品中的特定全营养配方食品；

（五）将特殊食品与普通食品或者药品混放销售。

第七十条　除食品安全法第一百二十五条第一款、第一百二十六条规定的情形外，食品生产经营者的生产经营行为不符合食品安全法第三十三条第一款第五项、第七项至第十项的规定，或者不符合有关食品生产经营过程要求的食品安全国家标准的，依照食品安全法第一百二十六条第一款、本条例第七十五条的规定给予处罚。

第七十一条　餐具饮具集中消毒服务单位未按照规定建立并遵守出厂检验记录制度的，由县级以上人民政府卫生行政部门依照食品安全法第一百二十六条第一款、本条例第七十五条的规定给予处罚。

第七十二条　从事对温度、湿度等有特殊要求的食品贮存业务的非食品生产经营者，食品集中交易市场的开办者、食品展销会的举办者，未按照规定备案或者报告的，由县级以上人民政府食品安全监督管理部门责令改正，给予警告；拒不改正的，处1万元以上5万元以下罚款；情节严重的，责令停产停业，并处5万元以上20万元以下罚款。

第七十三条 利用会议、讲座、健康咨询等方式对食品进行虚假宣传的，由县级以上人民政府食品安全监督管理部门责令消除影响，有违法所得的，没收违法所得；情节严重的，依照食品安全法第一百四十条第五款的规定进行处罚；属于单位违法的，还应当依照本条例第七十五条的规定对单位的法定代表人、主要负责人、直接负责的主管人员和其他直接责任人员给予处罚。

第七十四条 食品生产经营者生产经营的食品符合食品安全标准但不符合食品所标注的企业标准规定的食品安全指标的，由县级以上人民政府食品安全监督管理部门给予警告，并责令食品经营者停止经营该食品，责令食品生产企业改正；拒不停止经营或者改正的，没收不符合企业标准规定的食品安全指标的食品，货值金额不足1万元的，并处1万元以上5万元以下罚款，货值金额1万元以上的，并处货值金额5倍以上10倍以下罚款。

第七十五条 食品生产经营企业等单位有食品安全法规定的违法情形，除依照食品安全法的规定给予处罚外，有下列情形之一的，对单位的法定代表人、主要负责人、直接负责的主管人员和其他直接责任人员处以其上一年度从本单位取得收入的1倍以上10倍以下罚款：

（一）故意实施违法行为；

（二）违法行为性质恶劣；

（三）违法行为造成严重后果。

属于食品安全法第一百二十五条第二款规定情形的，不适用前款规定。

第七十六条 食品生产经营者依照食品安全法第六十三条第一款、第二款的规定停止生产、经营，实施食品召回，或者采取其他有效措施减轻或者消除食品安全风险，未造成危害后果的，可以从轻或者减轻处罚。

第七十七条 县级以上地方人民政府食品安全监督管理等部门对有食品安全法第一百二十三条规定的违法情形且情节严重，可能需要行政拘留的，应当及时将案件及有关材料移送同级公安机关。公安机关认为需要补充材料的，食品安全监督管理等部门应当及时提供。公安机关经审查认为不符合行政拘留条件的，应当及时将案件及有关材料退回移送的食品安全监督管理等部门。

第七十八条 公安机关对发现的食品安全违法行为，经审查没有犯罪事实或者立案侦查后认为不需要追究刑事责任，但依法应当予以行政拘留的，应当及时作出行政拘留的处罚决定；不需要予以行政拘留但依法应当追究其他行政责任的，应当及时将案件及有关材料移送同级食品安全监督管理等部门。

第七十九条 复检机构无正当理由拒绝承担复检任务的，由县级以上人民政府食品安全监督管理部门给予警告，无正当理由1年内2次拒绝承担复检任务的，由国务院有关部门撤销其复检机构资质并向社会公布。

第八十条 发布未依法取得资质认定的食品检验机构出具的食品检验信息，或者利用上述检验信息对食品、食品生产经营者进行等级评定，欺骗、误导消费者的，由县级以上人民政府食品安全监督管理部门责令改正，有违法所得的，没收违法所得，并处10万元以上50万元以下罚款；拒不改正的，处50万元以上100万元以下罚款；构成违反治安管理行为的，由公安机关依法给予治安管理处罚。

第八十一条 食品安全监督管理部门依照食品安全法、本条例对违法单位或者个人处以30万元以上罚款的，由设区的市级以上人民政府食品安全监督管理部门决定。罚款具体处罚权限由国务院食品安全监督管理部门规定。

第八十二条 阻碍食品安全监督管理等部门工作人员依法执行职务，构成违反治安管理行为的，由公安机关依法给予治安管理处罚。

第八十三条 县级以上人民政府食品安全监督管理等部门发现单位或者个人违反食品安全法第一百二十条第一款规定，编造、散布虚假食品安全信息，涉嫌构成违反治安管理行为的，应当将相关情况通报同级公安机关。

第八十四条 县级以上人民政府食品安全监督管理部门及其工作人员违法向他人提供网络食品交易第三方平台提供者提供的信息的，依照食品安全法第一百四十五条的规定给予处分。

第八十五条 违反本条例规定，构成犯罪的，依法追究刑事责任。

第十章 附 则

第八十六条 本条例自2019年12月1日起施行。

中华人民共和国传染病防治法（相关条文）

第十二条第一款 在中华人民共和国领域内的一切单位和个人，必须接受疾病预防控制机构、医疗机构有关传染病的调查、检验、采集样本、隔离治疗等预防、控制措施，如实提供有关情况。疾病预防控制机构、医疗机构不得泄露涉及个人隐私的有关信息、资料。

第十三条第二款 各级人民政府农业、水利、林业行政部门按照职责分工负责指导和组织消除农田、湖区、河流、牧场、林区的鼠害与血吸虫危害，以及其他传播传染病的动物和病媒生物的危害。

第十六条第二款 传染病病人、病原携带者和疑似传染病病人，在治愈前或者在排除传染病嫌疑前，不得从事法律、行政法规和国务院卫生行政部门规定禁止从事的易使该传染病扩散的工作。

第二十五条 县级以上人民政府农业、林业行政部门以及其他有关部门，依据各自的职责负责与人畜共患传染病有关的动物传染病的防治管理工作。

与人畜共患传染病有关的野生动物、家畜家禽，经检疫合格后，方可出售、运输。

第二十七条 对被传染病病原体污染的污水、污物、场所和物品，有关单位和个人必须在疾病预防控制机构的指导下或者按照其提出的卫生要求，进行严格消毒处理；拒绝消毒处理的，由当地卫生行政部门或者疾病预防控制机构进行强制消毒处理。

第三十一条 任何单位和个人发现传染病病人或者疑似传染病病人时，应当及时向附近的疾病预防控制机构或者医疗机构报告。

第三十五条 国务院卫生行政部门应当及时向国务院其他有关部门和各省、自治区、直辖市人民政府卫生行政部门通报全国传染病疫情以及监测、预警的相关信息。

毗邻的以及相关的地方人民政府卫生行政部门，应当及时互相通报本行政区域的传染病疫情以及监测、预警的相关信息。

县级以上人民政府有关部门发现传染病疫情时，应当及时向同级人民政府卫生行政部门通报。

中国人民解放军卫生主管部门发现传染病疫情时，应当向国务院卫生行政部门通报。

第三十六条　动物防疫机构和疾病预防控制机构，应当及时互相通报动物间和人间发生的人畜共患传染病疫情以及相关信息。

第三十七条　依照本法的规定负有传染病疫情报告职责的人民政府有关部门、疾病预防控制机构、医疗机构、采供血机构及其工作人员，不得隐瞒、谎报、缓报传染病疫情。

第六十七条　县级以上人民政府有关部门未依照本法的规定履行传染病防治和保障职责的，由本级人民政府或者上级人民政府有关部门责令改正，通报批评；造成传染病传播、流行或者其他严重后果的，对负有责任的主管人员和其他直接责任人员，依法给予行政处分；构成犯罪的，依法追究刑事责任。

第七十一条　国境卫生检疫机关、动物防疫机构未依法履行传染病疫情通报职责的，由有关部门在各自职责范围内责令改正，通报批评；造成传染病传播、流行或者其他严重后果的，对负有责任的主管人员和其他直接责任人员，依法给予降级、撤职、开除的处分；构成犯罪的，依法追究刑事责任。

图书在版编目（CIP）数据

生猪屠宰管理条例理解与适用 / 农业农村部畜牧兽
医局．中国动物疫病预防控制中心（农业农村部屠宰技术
中心）编．—北京：中国农业出版社，2021.12
　　ISBN 978-7-109-28960-4

　　Ⅰ．①生… Ⅱ．①农… ②中… Ⅲ．①猪－屠宰加工
－管理－条例－法律解释－中国 ②猪－屠宰加工－管理－
条例－法律适用－中国　Ⅳ．①D922.165

中国版本图书馆 CIP 数据核字（2021）第 250198 号

中国农业出版社出版

地址：北京市朝阳区麦子店街 18 号楼
邮编：100125
责任编辑：神翠翠
版式设计：杨　婧　责任校对：吴丽婷
印刷：北京通州皇家印刷厂印刷
版次：2021 年 12 月第 1 版
印次：2021 年 12 月北京第 1 次印刷
发行：新华书店北京发行所
开本：700mm×1000mm　1/16
印张：15
字数：250 千字
定价：48.00 元